AF308292

# Binäre Superpositionsmodulation beschränkter Sequenzen und ihre Anwendung in der optischen Unterwasserkommunikation

## Dissertation

zur Erlangung des akademischen Grades
Doktor der Ingenieurwissenschaften (Dr.-Ing.)
der Technischen Fakultät
der Christian-Albrechts-Universität zu Kiel

vorgelegt von

## Gilbert J. M. Forkel

September 2019 in Kiel

Tag der Einreichung:    4. September 2019

Tag der Disputation:    27. Januar 2020


Berichterstatter:    Prof. Dr.-Ing. Peter Adam Höher

Prof. Dr. Olaf Landsiedel

Prof. Dr.-Ing. Stephan Pachnicke

Hiermit bestätige ich, dass diese Ausarbeitung abgesehen von der Beratung durch meinen Betreuer nach Inhalt und Form meine eigene Arbeit ist. Diese Dissertation wurde weder ganz noch zum Teil bei einer anderen Stelle im Rahmen eines Prüfungsverfahrens vorgelegt, ist bisher nicht veröffentlicht worden und wurde auch nicht zur Veröffentlichung eingereicht. Die Regeln guter wissenschaftlicher Praxis der deutschen Forschungsgemeinschaft wurden eingehalten. Ein akademischer Grad wurde mir bisher nicht entzogen.

*Für Lisa, Maren und Paula*

Herstellung und Verlag:
BoD - Books on Demand, Norderstedt
ISBN 978-3-7528-6255-3

# Kurzfassung


In der vorliegenden Arbeit werden neuartige Verfahren zur optischen Freiraumkommunikation auf Basis intensitätsmodulierter Sequenzen untersucht. Zu diesem Zweck erfolgt eine Überlagerung mehrerer binäre Sequenzen zu einem mehrstufigen optischen Signal mit dem Ziel, die erreichbare Modulationsrate und die Energieeffizienz auf der Sendeseite zu erhöhen. Im Rahmen der Arbeit wurden mehrere Superpositionsverfahren entwickelt, wobei die Überlagerung beschränkter Sequenzen den Schwerpunkt bildet. Die Sequenzeigenschaften der Teilsignale werden hierbei an die Charakteristik der Sendeeinheiten angepasst. Die analytische Auswertung erfolgt auf Grundlage einer Graphenbeschreibung, welche sich wiederum anhand einer vorgeschlagenen Konstruktionsvorschrift ergibt. Die Leistungsfähigkeit der Verfahren wird dabei u. a. bezüglich des zur Modulation benötigten sendeseitigen Energieaufwandes, der erreichbaren Modulationsrate und der wechselseitigen Information untersucht und mit klassischen Modulationsansätzen der optischen Nachrichtenübertragung wie OOK und PPM verglichen. Abschließend wird eine Codiervorschrift für die Superposition beschränkter Sequenzen vorgestellt, und mögliche Optimierungen werden untersucht.

Ein weiterer Aspekt ist die Unterwasserkommunikation unter besonderer Berücksichtigung der Interferenzreduktion. Neben der Entwicklung des optischen Unterwassermodems openBlue werden verschiedene Verfahren zum Zweck der Filterung unerwünschter optischer Signalkomponenten bereits vor der eigentlichen Detektion untersucht. Ziel ist sowohl die Störleistungsreduktion als auch die Trennung modulierter Signalquellen. Die Filtermethoden umfassen zum einen die im Allgemeinen bekannten wellenlängenabhängigen Filter, welche im Rahmen des Unterwasserszenarios unter der Randbedingung solarer Interferenz analysiert werden, und zum anderen zwei neu entwickelte Filteransätze auf Basis der Einfallswinkel der optischen Signale. Bei den winkelabhängigen Filtern handelt es sich um eine passive Filterstruktur aus einem 3D-Drucker sowie eine aktive Filterung auf Basis eines LCD-Panels.

# Abstract

Developing novel techiques in the area of intensity-modulated free space optical communication is the main contribution of this publication. The proposed methods are based on the superposition of binary-modulated signal sources with the aim of increasing the constrained capacity and improving transmit-side energy efficiency. In this work we introduce and analyze different superposition modulation schemes with the general concept of overlaying constrained sequences to a higher-rate sum signal. Enforcing constraints on source sequences offers the possibility to match the signal characteristics to the limitations of the transmit hardware. Analyzing and optimizing the superposition process in an analytic manner is made possible by developing a graph representation of the resulting sum signal. The graph construction is thereby derived from the constraints applied to the fundamental binary source sequences. Performance evaluation regarding energy efficiency, mutual information, and constrained capacity is based on well-known optical intensity modulation schemes like OOK and PPM. This first part of the dissertation is concluded with the introduction of a coding method adapted to graph-based superposition modulation. Different optimizations are investigated.

One further aspect in this publication is optical underwater communication with special focus on interference suppression. The openBlue modem is a complete design including considerations on the waterproof pressure housing, software and hardware architecture, channel coding, modulation, link-budget and the optical properties of the water column. With the observed challenge of solar interference, different filtering methods are introduced and evaluated. Common to all of these methods is the principle of suppressing unwanted optical signal compontents prior to detection. In addition to the reduction of interference-induced noise, the separation of multiple signal streams is one futher aim under investigation. Two novel filter techniques based on the angular direction of the incoming light rays are presented. The first one is a passive structure with a repetitive pattern. The second uses an LCD-panel to dynamically steer the field-of-view of the receiver.

# Inhaltsverzeichnis

**Literaturverzeichnis** **173**

# Symbolverzeichnis

## Leuchtdiode mit Treiber

| | |
|---|---|
| $\Phi_{1/2}$ | Halbwertswinkel |
| $\phi$ | Winkel eines austretenden Lichtstrahls |
| $m$ | Ordnung des generalisierten Lambertstrahlers |
| $P_{\text{t,elec.}}$ | elektrische Sendeleistung (transmit power) |
| $P_{\text{t,opt.}}$ | optische Sendeleistung (transmit power) |
| $P_{\text{t,opt.,b}}$ | optische Sendeleistung im Betriebspunkt (transmit power) |
| $\tau_1$ bzw. $\tau_2$ | Zeitkonstanten der ansteigenden bzw. abfallenden Flanken |
| $\tau_\text{r}$ bzw. $\tau_\text{f}$ | Zeit für den Anstieg (rise) bzw. Abfall (fall) zwischen $10\,\%$ und $90\,\%$ der Signalamplitude |
| $C_{\text{RCM}}$ und $R_{\text{RCM}}$ | Kapazitäts- und Widerstandswerte zur Modellierung der optischen Signalform mittels $RC$-Glied |
| $E_{\text{drv.}}$ | Leistung, welche am Treiber pro Umschaltvorgang aufgewendet wird |
| $\eta_e$ | Strahlungsausbeute einer Leuchtdiode |
| $\lambda$ | Wellenlänge |
| $W_D$ | Breite der Bandlücke |
| $C_s$ | Raumladungskapazität (space-charge capacitance) |
| $C_d$ | Diffusionskapazität |
| $C_j$ | Sperrschichtkapazität (junction capacitance) einer LED |
| $R_s$ | Bahnwiderstand |

| | |
|---|---|
| $C_{\mathrm{puls}}$ | Kapazität zur Erhöhung der Flankensteilheit der An- und Abschaltvorgänge (Pulsformung) |
| $R_{\mathrm{LED}}$ | Vorwiderstand zur Regelung des LED-Stromes |
| $i_{\mathrm{LED}}(t)$ | Zeitveränderlicher Stromfluss |
| $I_{\mathrm{LED}}$ | Vorwärtsstrom der LED |
| $I_{\mathrm{LED,b}}$ | Vorwärtsstrom im Betriebspunkt der LED |
| $I_{\mathrm{r}}$ bzw. $I_{\mathrm{f}}$ | Strom während der Anschalt- (rise) bzw. Ausschaltvorgänge (fall) |
| $U_{\mathrm{LED}}$ | Vorwärtsspannung der LED |
| $U_{\mathrm{LED,b}}$ | Vorwärtsspannung im Betriebspunkt der LED |
| $U_{\mathrm{bias}}$ | Biasspannung im Aus-Zustand der LED |
| $U_t$ | Temperaturspannung |
| $n$ | Emissionskoeffizient |
| $I_{\mathrm{s}}$ | Sättigungssperrstrom |

# Fotodiode mit TIA-Beschaltung

| | |
|---|---|
| $i_{\mathrm{PD}}(t)$ | Fotostrom |
| $A_{\mathrm{PD}}$ | Sensorfläche |
| $S_{\mathrm{PD}}$ | Empfindlichkeit der Fotodiode für Wandlung von optischer zu elektrischer Leistung |
| $\psi$ | Winkel, unter welchem ein Lichtstrahl auf die Sensoroberfläche eintritt |
| $C_{\mathrm{PD}}$ | Kapazität der Fotodiode |
| $C_{\mathrm{id}}$ | Gegentaktkapazität eines OA (differential) |
| $C_{\mathrm{icm}}$ | Gleichtaktkapazität eines OA (common mode) |
| $C_{\mathrm{i}}$ | Summenkapazität in der TIA-Schaltung, bestehend aus $C_{\mathrm{icm}}$, $C_{\mathrm{id}}$ und $C_{\mathrm{PD}}$ |
| $R_{\mathrm{f}}$ | Rückkopplungswiderstand (feedback) einer Transimpedanzverstärkerschaltung |
| $C_{\mathrm{f}}$ | Kondensator zur Phasenkompensation im Rückkopplungspfad (feedback) einer TIA-Schaltung |
| $f_c$ | Grenzfrequenz des TIA |
| $N_{\mathrm{shot}}$ | Rauschleistung am Empfänger, hervorgerufen durch Schrotrauschen |
| $N_{\mathrm{therm}}$ | Thermische Rauschleistung am Empfänger |

# Physikalische Parameter und Konstanten

| | |
|---|---|
| $k_b$ | Bolzmannkonstante ($\approx 1{,}38 \cdot 10^{-23}\,\mathrm{J/K}$) |
| $e_0$ | Elementarladung ($\approx 1{,}60 \cdot 10^{-19}\,\mathrm{C}$) |
| $T$ | Betriebstemperatur |
| $c_0$ | Lichtgeschwindigkeit im Vakuum ($\approx 3{,}00 \cdot 10^{8}\,\mathrm{m/s}$) |
| $h$ | Plancksches Wirkungsquantum ($\approx 6{,}63 \cdot 10^{-34}\,\mathrm{Js}$) |

# Kanalmodellierung

| | |
|---|---|
| $P_{\mathrm{r,elec.}}$ | elektrische Empfangsleistung (receive power) |
| $P_{\mathrm{r,opt.}}$ | optische Empfangsleistung (receive power) |
| $p_{\mathrm{solar}}\left(\lambda\right)$ | Leistungsdichte des Sonnenspektrums |
| $d$ bzw. $d_i$ | Distanz von Sender zu Empfänger bzw. Länge des $i$-ten Reflexionspfades |
| $\alpha_i$ und $\beta_i$ | Ein- und Austrittswinkel am $i$-ten Reflektor |
| $\rho_i$ | Reflexionsfaktor am $i$-ten Reflektor |
| $\xi$ | Skalierungsfaktor für den angenommenen Einfluss der solaren Einstrahlung |
| $L\left(\lambda, d\right)$ | Freiraumdämpfung |
| $a\left(\lambda\right)$ | Absorptionsfaktor des Mediums Wasser |
| $b\left(\lambda\right)$ | Streufaktor des Mediums Wasser |
| $c\left(\lambda\right)$ | Dämpfungsfaktor des Mediums Wasser |
| $G_{\mathrm{filter}}\left(\lambda\right)$ | Wellenlängenabhängiger Dämpfungsfaktor eines optischen Filters |
| $G_{\mathrm{LED}}$ | Skalierungsfaktor zur Anpassung der Sendesignalamplituden an die elektrischen Parameter der LED |
| $E_{\mathrm{s,elec.}}$ | Energie pro Symbol, bezogen auf die elektrische Leistung |
| $E_{\mathrm{b,elec.}}$ | Energie pro Bit, bezogen auf die elektrische Leistung |
| $E_{\mathrm{s,opt.}}$ | Energie pro Symbol, bezogen auf die optische Leistung |
| $E_{\mathrm{b,opt.}}$ | Energie pro Bit, bezogen auf die optische Leistung |
| $N_{\mathrm{elec.}}$ | Rauschleistung am Empfänger |
| $N_0$ | Einseitige Rauschleistungsdichte |
| $W$ | Einseitige Bandbreite des Empfangsfilters |
| $\kappa$ | Pulsformungsgewinn |
| $\frac{E_{\mathrm{s,opt.}}}{N_0}$ bzw. $\frac{E_{\mathrm{s,opt.}}^{*}}{N_0^{*}}$ | Optisches SNR bzw. mit $E_{\mathrm{s,opt.}}^{*} \overset{!}{=} 1$ standardisiertes optisches SNR |

| | |
|---|---|
| $\frac{E_{\mathrm{s,elec.}}}{N_0}$ | Elektrisches SNR |
| $h(\tau)$ | Impulsantwort des optischen Kanals |
| $\mathbf{h}$ | Zeitdiskrete Impulsantwort |
| $I$ | Gedächtnislänge der zeitdiskreten Impulsantwort |
| $H$ bzw. $H_l$ | Verstärkungsfaktor des optischen Kanals bzw. Verstärkungsfaktor für den Pfad ausgehend von der $l$-ten LED |
| $K$ | Länge der Quellsequenz |
| $N$ | Länge der Sende-, Schalt- und Empfangssequenzen |
| $\mathbf{u}$ | Quellsequenz (Indizierung mit $k$) |
| $\mathbf{s}$ | Schaltsequenz (Indizierung mit $n$) |
| $x(t)$ | Zeit- und wertkontinuierliches Sendesignal |
| $\overline{\mathbf{x}}$ bzw. $\|\overline{\mathbf{x}}\|_L$ | Mittlere Leistung der Sendesequenz bzw. mit $L$ normierte mittlere Leistung |
| $\mathbf{x}$ | Äquivalente zeitdiskrete Sendesequenz (Indizierung mit $n$) |
| $y(t)$ | Zeit- und wertkontinuierliches Empfangssignal |
| $\mathbf{y}$ | Äquivalentes zeitdiskretes Empfangssignal (Indizierung mit $n$) |
| $y_{\mathrm{SDR}}$ | Überabgetastetes Empfangswerte am SDR-Empfänger |
| $n(t)$ | Zeit- und wertkontinuierliches Rauschen am Empfänger |
| $\mathbf{n}$ | Äquivalentes zeitdiskretes Rauschsignal (Indizierung mit $n$) |
| $g(t)$ | Impulsformungsfilter |
| $T_s$ | Symboldauer |
| $T_{\mathrm{t}}$ | Taktdauer |
| $\hat{t}_{\mathrm{sync}}$ | Synchronisations-Offset im Ringpuffer des SDR-Empfängers |
| $S$ bzw. $\|S\|_L$ | Anzahl der benötigten Umschaltvorgänge pro Bit. Im Falle von $\|S\|_L$ normiert mit der Anzahl der Sendedioden. |

| | |
|---|---|
| $R$ bzw. $\|R\|_{\min(d_0,d_1)}$ | Modulationsrate bzw. die mit den Sequenzbeschränkungen normierte Rate |
| $R_c$ | Rate eines Codierverfahrens wie z. B. der LDPC-Codierung |
| $I\left(X;Y\right)$ | Wechselseitige Information |

# Superpositionsmodulation und Graphenbeschreibung

| | |
|---|---|
| $L$ | Anzahl der Lichtquellen |
| $\mathbf{h}_l$ | Zeitdiskrete Impulsantwort, bezogen auf die $l$-te LED |
| $\mathbf{s}_l$ bzw. $s_l$ | Der $l$-ten LED zugeordnete Schaltsequenz bzw. Schaltzustand der $l$-ten LED |
| $I_g\left(X;Y\right)$ | Wechselseitige Information über einen Graphen |
| $I_g\left(X_i;Y\right)$ | Wechselseitige Information für einen Schritt im Graphen ausgehend vom $i$-ten Knoten |
| $p_Y\left(\mathbf{y}\right)$ | Wahrscheinlichkeit für die Empfangssequenz $\mathbf{y}$ |
| $p_{Y|X}\left(\mathbf{y}|\mathbf{x}_j\right)$ | Wahrscheinlichkeit für die Empfangssequenz $\mathbf{y}$, ausgehend vom $j$-ten Graphenknoten |
| $\mathbf{D}$ bzw. $d_{i,j}$ | Adjazenzmatrix der zulässigen Übergänge im Graphen |
| $\mathbf{Q}$ bzw. $q_{i,j}$ | Übergangswahrscheinlichkeiten des kapazitätserreichenden Graphen |
| $\mathbf{p}$ bzw. $p_i$ | Zu $\lambda_{\mathrm{max}}$ gehöriger Eigenvektor von $\mathbf{D}$ |
| $\boldsymbol{\pi}$ bzw. $\pi_i$ | Aufenthaltswahrscheinlichkeiten der Knoten im kapazitätserreichenden Graphen |
| $\lambda_{\mathrm{max}}$ | Größter reellwertiger und positiver Eigenwert von $\mathbf{D}$ |
| $v^i$ | $i$-ter Knoten eines Graphen |
| $v^{\mathrm{term.}}$ | Terminierungsknoten |
| $\mathcal{K}$ | Anzahl der Knoten eines Graphen |

# CSIM-Sequenzbeschränkung

| | |
|---|---|
| $x_i$ | Sendesignal zum $i$-ten Knoten |
| $d$ | Einschränkung bezüglich der Mindestzahl aufeinander folgender Nullen (distinct) |
| $k$ | Einschränkung bezüglich der Höchstzahl aufeinander folgender Nullen |
| $(d, k)$ | Sequenzbeschränkung einer einzelnen Sequenz bezüglich der Mindest- und Höchstzahl aufeinander folgender Nullen |
| $d_0$ | Einschränkung bezüglich der minimalen Anzahl aufeinander folgender Auszustände |
| $d_1$ | Einschränkung bezüglich der minimalen Anzahl aufeinander folgender Anzustände |
| $k_0$ | Einschränkung bezüglich der maximalen Anzahl aufeinander folgender Auszustände |
| $k_1$ | Einschränkung bezüglich der maximalen Anzahl aufeinander folgender Anzustände |
| $(d_0, d_1, k_0, k_1)$ | Sequenzparameter für die Einschränkung einer einzelnen Lichtquelle mit Unterscheidung von An- und Auszuständen |
| $(d_0, d_1)$ | Sonderfall von $(d_0, d_1, k_0, k_1)$ mit $k_0 = k_1 = \infty$ |
| $\sum_L (d_0, d_1, k_0, k_1)$ | Sequenzparameter der Überlagerung von $L$ Lichtquellen nach dem CSIM-Verfahren |
| $\Omega_{\min}$ | Mindestzahl der gleichzeitig eingeschalteten Leuchtdioden |
| $\Omega_{\max}$ | Höchstzahl der gleichzeitig eingeschalteten Leuchtdioden |
| $\sum_L (d_0, d_1, k_0, k_1)\big\vert_{\Omega_{\min}}^{\Omega_{\max}}$ | Sequenzparameter der Überlagerung von $L$ Lichtquellen nach dem CSIM-Verfahren mit der Einschränkung auf eine Mindestzahl und/oder eine Höchstzahl gleichzeitig eingeschalteter Lichtquellen |
| $l_0$ bzw. $l_1$ | Zustandsvektor für Aus- bzw. An-Zustand |
| $m_0$ bzw. $m_1$ | Position im Zustandsvektor $l_0$ bzw. $l_1$ |

| | |
|---|---|
| $u_{01}$ bzw. $u_{10}$ | Anzahl der Lichtquellen, welche vom Aus- in den An-Zustand bzw. umgekehrt geschaltet werden können |

# CSIC-Codierung

| | |
|---|---|
| $\sum_L (d_0, d_1, k_0, k_1)$ $-K'/N'$ | CSIC-Codierverfahren welches Quellsequenzen mit $K'$ Bits auf Symbolblöcke der Länge $N'$ abbildet |
| $K'$ | Länge der Infosymbole der Graphenknoten bzw. der Codeblöcke |
| $N'$ | Länge der Codesymbole der Graphenknoten bzw. der Codeblöcke |
| $\mathbf{x}_i$ | Sendeblock zum $i$-ten Knoten |
| $\mathbf{v}$ | Zustandssequenz |
| $\boldsymbol{\zeta}_i$ | Teilcode zum $i$-ten Knoten des Codegraphen |
| $V_{\boldsymbol{\zeta}_i}(\mathbf{u})$ | Zustandsfolge aus Teilcode $\boldsymbol{\zeta}_i$ zum Quellwort $\mathbf{u}$ |
| $U(\hat{\boldsymbol{\zeta}})$ | Quellwort zur Sequenzhypothese $\hat{\boldsymbol{\zeta}}$ |
| $S(\mathbf{v})$ | Zuordnung von Zustandssequenzen auf Schaltsequenzen |
| $\mathcal{S}_i$ | Anzahl der möglichen Sequenzabfolgen, ausgehend vom $i$-ten Zustand |
| $\tilde{\boldsymbol{\zeta}}_{i,m}$ | $m$-ter Kandidat für den $i$-ten Teilcode |
| $M_i$ | Anzahl der Kandidaten für den Teilcode $\boldsymbol{\zeta}_i$ |
| $r$ | Anzahl der Kandidaten bei Codeoptimierung mittels eines randomisierten Algorithmus |
| $W(\zeta)$ | Abstandsverteilung eines Codes $\zeta$ |
| $w(\zeta)_n$ | Häufigkeit des Abstandes mit Betragsquadrat $n$ |

# Filter zur Interferenzunterdrückung

$N_K$      Anzahl der Filterkuppeln

$N_F$      Anzahl der Facetten einer Filterkuppel

$N_P$      Anzahl der von einem Strahlenbündel in einer Raumrichtung durchdrungenen LCD-Pixel

$\Theta_F$      Öffnungswinkel einer Filterfacette

$\Theta_P$      Effektiver Öffnungswinkel des LCD-Durchlassbereichs

$\Theta_L$      Öffnungswinkel der LCD-Filteranordnung

$\Psi$      Winkel eines auf das LCD treffenden Strahles zur Senkrechten

$\vartheta$      Winkel zwischen $\vec{e_x}$ (der Senkrechten der Filter) und dem $\vec{e_z}$-Anteil des Einfallswinkels

$\varphi$      Winkel zwischen $\vec{e_x}$ (der Senkrechten der Filter) und dem $\vec{e_y}$-Anteil des Einfallswinkels

$\delta_{\mathrm{LCD}}$ bzw. $\delta_K$      Winkelunterschied zweier auf das LCD-Filter bzw. den Kuppelfilter einfallender Strahlen

$\chi$      Mittlerer Einfallswinkel

$f$      Brennweite der LCD-Filteranordnung

$l$      Kantenlänge des LCD

$p$      Kantenlänge eines LCD-Pixels

$a$      Kantenlänge der PD

$d$      Abstand einer Signalquelle zur PD

$\eta_0$      Dämpfungsfaktor für durchlässigen Zustand einer LCD-Zelle

$\eta_1$      Dämpfungsfaktor für gesperrten Zustand einer LCD-Zelle

$s_{\mathrm{LC}}$      Schaltzustand einer LCD-Zelle

$p_{\mathrm{solar}}$      Mittlere optische Leistungsdichte (über den Eintrittswinkel) der solaren Interferenz

$P_\text{solar}$ — Interferenzleistung

$G_\text{LCD, solar}$ — Reduktion der solaren Interferenz durch Anwendung der LCD-basierten Filterung

$G_\text{LCD, mod.}$ — Unterdrückung einer interferierenden Punktlichtquelle durch Anwendung der LCD-basierten Filterung

# Abkürzungsverzeichnis

## Optik

BE              Verbesserte Blauempfindlichkeit (blue enhanced)

int.            Interferenz (interference)

LCD             Flüssigkristallanzeige (liquid crystal display)

LOS             Sichtlinie (line of sight)

opt.            Optisch (optical)

PDLC            Polymer-dispergierte Flüssigkristalle (polymer dispersed liquid crystal)

POF             Polymere optische Faser (polymeric optical fiber)

ref.            Reflektiert (reflected)

## Schaltungstechnik

| | |
|---|---|
| ADC | Analog-Digital-Wandler (analog-to-digital converter) |
| amp. | Verstärker (amplifier) |
| Bias-T | Bauteil, welches ein Hochfrequenzsignal und einen Gleichanteil kombiniert/aufteilt (bias tee) |
| COB | Chip-on-Board-Technologie (chip-on-board) |
| DAC | Digital-Analog-Wandler (digital-to-analog converter) |
| drv. | Treiber (driver) |
| elec. | Elektrisch (electrical) |
| FET | Feldeffekttransistor (field-effect transistor) |
| FPGA | Programmierbarer Logikbaustein (field programmable gate array) |
| GBP | Verstärkungs-Bandbreiteprodukt (gain–bandwidth product) |
| LED | Leuchtdiode (light-emitting diode) |
| OLED | Organische Leuchtdiode (organic light-emitting diode) |
| OA | Operationsverstärker (operational amplifier) |
| PD | Fotodiode (photodiode) |
| SMT | Oberflächenmontage (surface-mount technology) |
| TIA | Transimpedanzverstärker (transimpedance amplifier) |
| VGA | Verstärker mit einstellbarem Verstärkungsfaktor (variable gain amplifier) |

# Modulation und Codierung

| | |
|---|---|
| PAM | Pulsamplitudenmodulation (pulse-amplitude modulation) |
| AWGN | Additives weißes Gaußsches Rauschen (additive white Gaussian noise) |
| BCJR | Decodierverfahren, benannt nach seinen Erfindern Bahl, Cocke, Jelinek und Raviv |
| BFR | Bitfehlerrate (bit error rate) |
| CSIC | Superpositionscodierung mit Einschränkungen (constrained superposition intensity coding) |
| CSIM | Superpositionsmodulation mit Einschränkungen (constrained superposition intensity modulation) |
| DFE | Entscheidungsrückgekoppelte Entzerrung (decision feedback equalization) |
| EFM | Leitungscode, welcher 8 Quellbits auf 14 Codebits abbildet (eight-to-fourteen modulation) |
| FEC | Vorwärtsfehlerkorrektur (forward error correction) |
| IM/DD | Intensitätsmodulation und inkohärente Detektion (intensity-modulation and direct-detection) |
| ISI | Intersymbolinterferenz (inter-symbol interference) |
| ITI | Intertrackinterferenz (inter-track interference) |
| CDSIM | Superpositionsmodulation mit zyklischen Verschiebungen (cyclically delayed superposition intensity modulation) |
| LDPC | Gallager-Codes (low-density parity-check codes) |
| LLR | Log–Likelihood Verhältnis (log-likelihood ratio) |
| SAM | Amplituden-Superpositionsmodulation (superposition amplitude modulation) |
| LTI | Linear und zeitinvariant (linear time-invariant) |
| MIMO | Kommunikation von mehreren Sendern und Empfängern (multiple input multiple output) |

| | |
|---|---|
| ML | Methode der größten Plausibilität (maximum likelihood) |
| mod. | Modulation (modulation) |
| PPM | Pulsphasenmodulation (pulse-position modulation) |
| NO | Nicht optimiert (not optimized) |
| OFDM | Orthogonales Frequenzmultiplexverfahren (orthogonal frequency-division multiplexing) |
| OOK | Binäre Amplitudenumtastung (on-off keying) |
| PAPR | Verhältnis von Spitzenleistung zu mittlerer Leistung (peak-to-average power ratio) |
| PS | Fundamentaler Zustand (principle state) |
| P/S | Parallel/Seriellwandlung (parallel-to-serial conversion) |
| PWM | Pulsdauermodulation (pulse-width modulation) |
| RC | Wiederholungscode (repetition code) |
| RLL | Lauflängenbeschränkt (run-length-limited) |
| SBC | Verschiebungscode (sliding-block code) |
| SFR | Symbolfehlerrate (symbol error rate) |
| SIR | Signal/Interferenz-Leistungsverhältnis (signal-to-interference ratio) |
| SNR | Signal/Rausch-Leistungsverhältnis (signal-to-noise ratio) |
| S/P | Seriell/Parallelwandlung (serial-to-parallel conversion) |
| sym. | Symmetrisch (symmetric) |
| term. | Terminierung (termination) |
| ZFR | Zustandsfehlerrate (state error rate) |

# Weitere

| | |
|---|---|
| AUV | Autonomes Unterwasserfahrzeug (autonomous underwater vehicle) |
| CD | Compact disc |
| FDM | Schmelzschichtung, 3D Druckverfahren (fused deposition modeling) |
| FIFO | Speicher nach dem Prinzip einer Warteschlange (first in – first out) |
| openBlue | Name des entwickelten Unterwassermodems |
| PCT | Patentzusammenarbeitsvertrag (patent cooporation treaty) |
| PMMA | Plexiglas (polymethylmethacrylat) |
| SDR | Software-basierte Kommunikation (software defined radio) |
| VLC | Datenübertragung mit sichtbarem Licht (visible-light communication) |

# Einleitung

## Motivation

„Rund 70 Prozent der Erdoberfläche sind von Wasser bedeckt. Doch selbst die Rückseite des Mondes ist gründlicher erforscht als die dunklen Weiten der Weltmeere." Dieser vielfach anzutreffende Ausspruch verdeutlicht eindrücklich unsere sehr beschränkte Kenntnis der Tiefsee und ihrer Lebewesen. Ein wesentlicher Grund ist die mit den hohen Umgebungsdrücken extrem lebensfeindliche Umgebung, welche hohe Anforderungen an die eingesetzte Technik stellt. Während in unserem Lebensalltag die hochratige und drahtlose Datenübertragung etwa in der Mobilkommunikation selbstverständlich geworden ist, sind vergleichbare Kommunikationsmöglichkeiten unter Wasser bis heute nicht verfügbar. So bietet etwa ein Sonarmodem des WHOI laut Datenblatt [Dat19] eine maximale Datenrate von lediglich $5{,}4\,\mathrm{kbit/s}$, wohlgemerkt unter optimalen Umgebungsbedingungen. Entsprechend kann eine derart eingeschränkte Kommunikation als eine wesentliche Beschränkung bei der Erforschung der Meere identifiziert werden.

Leuchtdioden haben sich aufgrund ihrer hohen Lichtausbeute nicht nur als Beleuchtungsmittel weitgehend durchgesetzt, sondern gewinnen auch in der optischen Kommunikationstechnik und insbesondere in der Unterwasserkommunikation zunehmend an Bedeutung. Während sich nämlich die Kommunikation mit sichtbarem Licht (visible-light communication, VLC) bisher nicht gegen die etablierten Funkstandards wie Wi-Fi durchsetzen konnte, geht an der optischen Kommunikation unter Wasser aufgrund der extremen Kanaldämpfung im Funkbereich kein Weg vorbei. Nach Überzeugung des Autors ist diese Technologie die momentan einzig bekannte, aber zugleich sehr vielversprechende Möglichkeit, das Problem der hochratigen Datenübertragung unter Wasser zu lösen. Die vorliegende Arbeit soll ihren Beitrag hierzu leisten, indem ein neuartiges energieeffizientes und zugleich hochratiges Modulationsverfahren vorgeschlagen wird, welches nicht nur in der Unterwasserkommunikation vorteilhaft eingesetzt werden kann.

## Eigene wissenschaftliche Veröffentlichungen

[FH15]  G. J. M. Forkel und P. A. Hoeher, „Amplitude Modulation by Superposition of Independent Light Sources", in *Proceedings of the 6th International Confe-*

rence on Optical Communication Systems*, Juli 2015, S. 29–35. DOI: 10.5220/
0005542700290035.

**Zusammenfassung**: Visible light communication (VLC) is a promising alternative to radio waves, when high data rates are required over short distances. Using lighting equipment for communication offers very high receive power values without consuming additional energy than already required for illuminating the environment. The bandwidth restriction of the employed light-emitting diode (LED) light sources is one limiting factor to exploiting the channels potential capacity. In this paper, we propose spatially distributed modulation schemes to increase the data rate by switching the LEDs of the lighting equipment individually. Towards this goal, three different techniques for superposition of independent light sources are compared.

[FH16] ——, „Superposition Intensity Modulation Using Variable-Length On/Off Periods", in *Proceedings of Signal Processing in Photonic Communications*, Optical Society of America, Jan. 2016. DOI: 10.1364/IPRSN.2016.JTu4A.36.

**Zusammenfassung**: The data rate of IM/DD optical communication systems can be increased by superimposing individually switched light sources. In this paper we propose to use variable symbol durations and phase shifts as additional degrees of freedom.

[FH17] ——, „Cyclically Delayed Superposition Intensity Modulation for Rate Boosting IM/DD Communication", in *Proceedings of the 11th International ITG Conference on Systems, Communications and Coding*, Feb. 2017.

**Zusammenfassung**: A superposition modulation method, able to increase the peak data rate of intensity-modulation/direct-detection communication systems by the number of individually switchable light sources, is presented. This is possible by systematically delaying the binary-modulated light sources such that the sum signal is separable at the receiver. In this way the data rate can be increased by the number of available light sources.

[FH18] ——, „Constrained Intensity Superposition: A Hardware-Friendly Modulation Method", *Journal of Lightwave Technology*, Jg. 36, Nr. 3, S. 658–665, Feb. 2018. DOI: 10.1109/JLT.2017.2774926.

**Zusammenfassung**: One challenge in intensity modulation and direct detection communication systems is the power consumption at the transmitter-side driving circuit. For binary-switched LED-based transmission, boosting the data rate leads to an increased number of switching operations. Consequently, a larger fraction of the available power budget is dissipated in the driver. Hence, the performance of communication and possibly illumination is affected by the reduced optical transmit power. The key idea is to lower the driver power consumption by decreasing the number of switching operations necessary for transmitting a fixed amount of data. This is possible by superimposing multiple binary sequences, where the individual sequences are matched to the hardware characteristics of the transmitter. We introduce a method to derive a graph-based representation for superimposing individually constrained binary sequences, and analyze the achievable constrained capacity.

[FKH19]   G. J. M. Forkel, A. Krohn und P. A. Hoeher, „Optical Interference Suppression Based on LCD-Filtering", *Applied Sciences*, Jg. 9, Nr. 15, Aug. 2019. DOI: 10.3390/app9153134.

**Zusammenfassung**: Using light emitting diodes (LED) for the purpose of simultaneous communication and illumination is known as visible light communication (VLC). Interference by ambient light sources is among the most critical challenges. Owing to the wideband VLC spectrum, the efficiency of wavelength-dependent optical filtering is limited, especially in the presence of sunlight. Multi-user VLC causes additional interference, since LEDs are characterized by a wide viewing angle. Although algorithm-based interference suppression is a feasible method, receiver saturation and especially noise enhancement are two challenges that can only by addressed effectively by filtering in the optical domain prior to the photodetector. In this publication, we propose the use of a liquid-crystal display (LCD) as receiver-side filter unit. The main advantage of this technology is the possibility to focus the field-of-view of the receiver on a specific light source and thereby suppress interference. Interference by ambient light, modulated interference and multi-aperture interference are introduced and signal-to-interference ratio improvements are derived using experimental results for a given LCD characteristic. By deriving the bit error rate for MIMO communications, the potential of the proposed interference reduction method is demonstrated.

[FWH18]   G. J. M. Forkel, T. J. Wettlin und P. A. Hoeher, „Constrained Coding for Hardware-friendly Intensity Modulation", in *Proceedings of the 6th International Conference on Photonics, Optics and Laser Technology*, Jan. 2018, S. 292–296. DOI: 10.5220/0006715802920296.

**Zusammenfassung**: An advanced signal design for boosting the performance of binary-modulated IM/DD communication systems is presented. Multiple light sources are jointly modulated so that the optical signals superimpose at the receiver. The superimposed signal is of high rate. The switching sequences are constrained to match the physical properties of the transmit hardware. A graph-based representation is used to design a low-complexity block code, enabling the use of the binary superposition modulation scheme under investigation in a practical IM/DD setup. Based on this coded signal design measurement results on power consumption and simulation results on bit error rate performance are presented.

# Wissenschaftliche Veröffentlichungen mit Beteiligung

[DHF17]   M. Damrath, P. A. Hoeher und G. J. M. Forkel, „Symbol Detection based on Voronoi Surfaces with Emphasis on Superposition Modulation", *Digital Communications and Networks*, Jg. 3, Nr. 3, S. 141–149, Aug. 2017. DOI: 10.1016/j.dcan.2017.01.001.

**Zusammenfassung**: A challenging task when applying high-order digital modulation schemes is the complexity of the detector. Particularly, the complexity of the optimal a posteriori probability (APP) detector increases exponentially with respect to the number of bits per data symbol. This statement is also true for the Max-Log-APP detector, which is a common simplification of the APP detector. Thus it is important to design new detection algorithms which combine a sufficient performance with low complexity. In this contribution, a detection algorithm for two-dimensional digital modulation schemes which cannot be split-up into real and imaginary parts (like phase shift keying and phase-shifted superposition modulation (PSM)) is proposed with emphasis on PSM with equal power allocation. This algorithm exploits the relationship between Max-Log-APP detection and a Voronoi diagram to determine planar surfaces of the soft outputs over the entire range of detector input values. As opposed to state-of-the-art detectors based on Voronoi surfaces, a priori information is taken into account, enabling iterative processing. Since the algorithm achieves Max-Log-APP performance, even in the presence of a priori information, this implies a great potential for complexity reduction compared to the classical APP detection.

[DHF18]   ——, „Piecewise Linear Detection for Direct Superposition Modulation", *Digital Communications and Networks*, Jg. 4, Nr. 2, S. 98–105, Apr. 2018. DOI: 10.1016/j.dcan.2016.11.005.

**Zusammenfassung**: Considering high-order digital modulation schemes, the bottleneck in consumer products is the detector rather than the modulator. The complexity of the optimal a posteriori probability (APP) detector increases exponentially with respect to the number of modulated bits per data symbol. Thus, it is necessary to develop low-complexity detection algorithms with an APP-like performance, especially when performing iterative detection, for example in conjunction with bit interleaved coded modulation. We show that a special case of superposition modulation, dubbed Direct Superposition Modulation (DSM), is particularly suitable for complexity reduction at the receiver side. As opposed to square QAM, DSM achieves capacity without active signal shaping. The main contribution is a low-cost detection algorithm for DSM, which enables iterative detection by taking a priori information into account. This algorithm exploits the approximate piecewise linear behavior of the soft outputs of an APP detector over the entire range of detector input values. A theoretical analysis and simulation results demonstrate that at least max-log APP performance can be reached, while the complexity is significantly reduced compared to classical APP detection.

[KFHP17a]  A. Krohn, G. J. M. Forkel, P. A. Hoeher und S. Pachnicke, „Capacity-Increasing 3D Spatial Demultiplexer Design for Optical Wireless MIMO Transmission", in *Proceedings of the 43th European Conference on Optical Communication*, Sep. 2017. DOI: 10.1109/ECOC.2017.8346021.

**Zusammenfassung**: A novel passive link-blocking device is presented that provides the ability to separate spatially multiplexed data streams in VLC MIMO systems. A typical indoor scenario has been simulated and real measurements for verification with a 3D-printed specimen have been done.

[KFHP19]  A. Krohn, G. J. M. Forkel, P. A. Hoeher und S. Pachnicke, „LCD-based Optical Filtering Suitable for Non-Imaging Channel Decorrelation in VLC Applications", *Journal of Lightwave Technology*, Jg. 37, Nr. 23, S. 5892–5898, Dez. 2019. DOI: 10.1109/JLT.2019.2941734.

**Zusammenfassung**: A novel approach for optical channel decorrelation in visible light communication (VLC) multiple-input multiple-output (MIMO) systems is presented. Frequently, illumination fixtures employing an array of white light emitting diodes (LEDs) are suggested for simultaneous illumination and data transmission. As white LEDs share the same optical spectrum and due to diffuse light propagation, a separation of the data streams at the receiver side is difficult, even if multiple photodetectors are applied, but necessary. As opposed to software-based solutions, our approach to the interference problem works in the hardware domain: a liquid crystal display (LCD) is placed in front of the photodetectors. This LCD suppresses the interference caused by modulated light sources and by ambient light. The LCD can be configured to form dynamic receiver apertures in the MIMO setup under investigation. In an experimental testbed, we chose a black-and-white LCD with high contrast, i.e., with high transmittance ratio. We carried out measurements of the transmittance factors in "on" and "off" states, and created a numerical model of the selected LCD. Based on this model, an upper bound on the bit error rate is evaluated for a given VLC indoor scenario. Spatial modulation benefits with an improvement of up to 27 dB from the proposed kind of optical filtering.

[KFPH19]  A. Krohn, G. J. M. Forkel, S. Pachnicke und P. A. Hoeher, „Smart Glass based Optical Interference-Suppression Filter for VLC MIMO Applications (not published)", 2019.

**Zusammenfassung**: A novel approach for optical channel decorrelation in VLC MIMO systems is presented. A switchable receiver filter is used to block interference by unwanted light sources. For this purpose a polymer dispersed liquid crystal (PDLC) foil is experimentally characterised, and numerical BER simulations are performed.

## Patente

Neben den vorgestellten wissenschaftlichen Veröffentlichungen ist im Rahmen der Entwicklung eines Interferenzunterdrückungsverfahrens das nachfolgende Patent entstanden, welches am 27.6.2019 offengelegt wurde. Darüber hinaus wurde eine internationale Patentanmeldung nach dem Patentzusammenarbeitsvertrag (patent cooporation treaty, PCT) vorgenommen.

[KFHP17b]  A. Krohn, G. J. M. Forkel, P. A. Hoeher und S. Pachnicke, „Optische Freiraum-Signalübertragung", Deutsches Patent 10 2017 130 903.9, Dez. 2017.

**Zusammenfassung**: Die Erfindung betrifft die Verwendung eines Bildanzeigegeräts, das eine zumindest teilweise lichtdurchlässige Bildanzeigefläche mit separat ansteuerbaren Bildpixeln aufweist, für eine empfängerseitige optische Signalfilterung und/oder eine Signalauswahl einer Signalquelle in der optischen Freiraum-Signalübertragung und/oder für eine senderseitige optische Signalfilterung und/oder eine Signalauswahl eines Empfängers in der optischen Freiraum-Signalübertragung. Die Erfindung betrifft außerdem ein dementsprechendes Verfahren für die optische Freiraum-Signalübertragung sowie eine Vorrichtung für die optische Freiraum-Signalübertragung.

## Übersicht der Arbeit

Die vorliegende Arbeit untergliedert sich in drei Teile. In den Grundlagen werden, neben einer kurzen Einführung, die Anforderungen der Sende- und Empfangselektronik an ein Modulationsverfahren definiert. Diese umfassen für die binär geschalteten Sende-LEDs die Begrenzung der Schaltgeschwindigkeit sowie den Energieaufwand für eine Zustandsänderung in der Sendeeinheit. Außerdem wird das Kanalmodell vorgestellt, wobei insbesondere die Leistungsdefinition erörtert wird. Auf Basis der in Teil I beschriebenen Hardwareanforderungen wird in Teil II ein angepasstes Modulationsverfahren entwickelt, welches auf der Überlagerung mehrerer optischer Signale beruht. Zur Einordnung der Leistungsfähigkeit wird dieses Verfahren anschließend mit den klassischen binären Modulationsverfahren verglichen. Außerdem wird ein Codierverfahren vorgeschlagen, welches die Nutzung der Superpositionsmodulation zur Datenübertragung ermöglicht. Abschließend folgt in Teil III eine vergleichende Untersuchung verschiedener Methoden der Interferenzunterdrückung sowie eine Vorstellung des entwickelten Unterwassermodems. Die Beschreibung des Unterwasserkanals wurde auf die notwendigen Grundlagen beschränkt.

# Teil I

# Grundlagen

In den Grundlagenkapiteln 1.1 und 1.2 werden die in dieser Arbeit für die inkohärente optische Kommunikation angenommenen Sende- und Empfangseinheiten eingeführt. Der Schwerpunkt liegt hierbei nicht auf einer umfassenden Erörterung des Literaturwissens, sondern auf den in der nachfolgenden Arbeit benötigten Spezifika. So wird etwa die binäre Ansteuerung der Sendedioden bei hohen Sendeleistungen, mittels Treiberbausteinen aus der Leistungselektronik, ausführlich dargestellt und ein Modell für die Nachbildung des transienten Verhaltens entwickelt. Auch die Analyse zum Energieverbrauch der Schaltvorgänge in der Sendeeinheit ist eine Besonderheit der vorliegenden Arbeit. Dahingegen ist die Darstellung der Empfangshardware mit einer Fotodiode an einem Transimpedanzverstärker (transimpedance amplifier, TIA) bewusst kurz gehalten. Diese folgt dem typischerweise in inkohärenten optischen Kommunikationssystemen eingesetzten Aufbau und für eine umfassende Darstellung sei entsprechend auf die zitierte Literatur verwiesen.

Ein äquivalentes diskretes Kanalmodell, welches nicht nur den optischen Ausbreitungskanal berücksichtigt, sondern auch die Sende- und Empfangseinheiten umfasst, wird in Kapitel 2 vorgestellt. Dies ist in der klassischen elektromagnetischen Nachrichtenübertragung unüblich, mit der Eigenschaft der Fotodioden als Leistungsdetektoren aber notwendig, um einen Zusammenhang zwischen der optischen und der elektrischen Leistungsdefinition herzustellen, welcher darüber hinaus abhängig von der Impulsform der Sendesequenz ist. Abschließend wird die Freiraumausbreitung unter Berücksichtigung des Dämpfungsverhaltens des Unterwasserkanals eingeführt.

# 1

# Sender- und Empfänger

## 1.1 Leuchtdioden und ihr Verhalten bei binärer Ansteuerung

Die Erzeugung eines inkohärenten optischen Signals erfolgt in dieser Arbeit durch LEDs. Diese weisen wie für Halbleiterdioden typisch einen p-n Übergang auf, an welchem aufgrund der Materialeigenschaften beim Übergang von Elektronen vom Leitungsband in das Valenzband die frei werdende Energie in Form von Photonen emittiert wird. Die Wellenlänge des erzeugten Lichtes

$$\lambda = \frac{\mathrm{h} \cdot \mathrm{c}_0}{W_D} \tag{1.1}$$

ist über die Breite $W_D$ der Bandlücke, die Lichtgeschwindigkeit im Vakuum $\mathrm{c}_0$ und das Plancksches Wirkungsquantum $\mathrm{h}$ definiert. Folglich emittieren LEDs näherungsweise monochromatisches Licht. Die DC-Dioden-Kennlinie einer LED, auch Strom-Spannungs-Kennline genannt, lässt sich über die Shockley-Gleichung

$$I_{\mathrm{LED}} = I_{\mathrm{s}} \left( e^{\frac{U_{\mathrm{LED}}}{nU_t}} - 1 \right) \tag{1.2}$$

berechnen. Mit der Temperaturspannung

$$U_t = \frac{\mathrm{k}_{\mathrm{b}} \mathrm{T}}{\mathrm{e}_0} \tag{1.3}$$

wird die Abhängigkeit der Kennlinie von der Temperatur $\mathrm{T}$ des LED-Chips erfasst. Die Werte der Bolzmannkonstante $\mathrm{k}_{\mathrm{b}}$ und der Elementarladung $\mathrm{e}_0$ sind im Symbolverzeichnis angegeben. Eine Berücksichtigung des LED-Bahnwiderstandes $R_s$, siehe auch das AC-Diodenmodell in Abbildung 1.1, kann nach [BJ00] über die Lösung mittels der Lambertschen W-Funktion

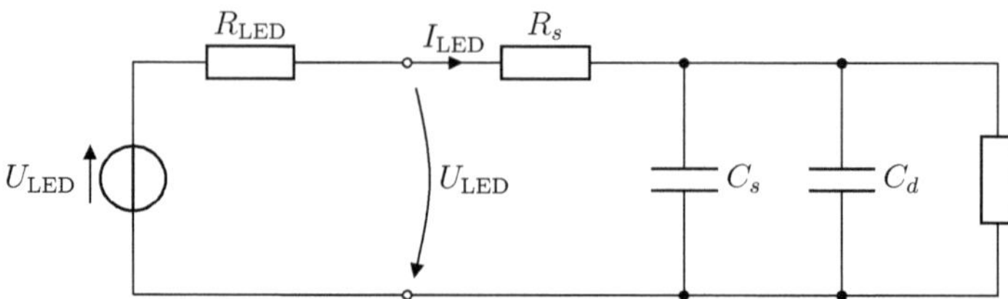

Abbildung 1.1: AC-Ersatzschaltbild einer LED mit Ansteuerung, bestehend aus Spannungsquelle $U_{\mathrm{LED}}$ und Vorwiderstand $R_{\mathrm{LED}}$ ähnlich zu [Lee75]

erfolgen:

$$I_{\mathrm{LED}} = \frac{nU_t}{R_s} W\left(\frac{I_s R_s}{nU_t} e^{\frac{U_{\mathrm{LED}} + I_s R_s}{nU_t}}\right) - I_{\mathrm{s}}. \tag{1.4}$$

Am Beispiel einer blauen LED wird die für LEDs typische $U$-$I$-Kennlinie in Abbildung 1.2 gezeigt. Da in der vorliegenden Arbeit eine Beschränkung auf binäre Modulationsverfahren erfolgt, gehen wir von einer binärer Ansteuerung der Sendedioden aus. Wir können deshalb einen festen Arbeitspunkt für den eingeschalteten Zustand mit der Vorwärtsspannung $U_{\mathrm{LED,b}}$ und dem Vorwärtsstrom $I_{\mathrm{LED,b}}$ festlegen. Die optische Leistung $P_{\mathrm{t,opt.,b}}$ in diesem Betriebspunkt ergibt sich zu

$$P_{\mathrm{t,opt.,b}} = \eta_e \cdot U_{\mathrm{LED,b}} \cdot I_{\mathrm{LED,b}}, \tag{1.5}$$

wobei $\eta_e$ die Lichtausbeute, d. h. die Effizienz der LED bezeichnet. Zusammenfassend ist das optische Sendesignal im eingeschwungenen Zustand abhängig von dem Schaltzustand $s \in \{0, 1\}$ der LED wie folgt gegeben:

$$P_{\mathrm{t,opt.}} = \begin{cases} 0 & \text{falls } s = 0 \\ P_{\mathrm{t,opt.,b}} & \text{falls } s = 1 \end{cases}. \tag{1.6}$$

Bevor nun das dynamische Verhalten, d. h. insbesondere die Dauer der Umschaltvorgänge und der mit den Umschaltvorgängen verbundene Energieaufwand, analysiert wird, erfolgt eine Einführung des zur Ansteuerung der LEDs vorausgesetzten Schaltungsaufbaus.

Wie in Abbildung 1.3 dargestellt, findet ein Treiberbaustein Verwendung, welcher abhängig vom Schaltsignal $s$ die Spannungspegel $U_{\mathrm{LED}}$ (für $s = 1$) bzw. $U_{\mathrm{bias}}$ (für $s = 0$) ausgibt. Die Biasspannung dient dem Zweck, die Schaltverluste im Treiber zu reduzieren, und wird in unserem Beispiel so gewählt, dass kein relevanter Strom durch die LED fließt und diese entsprechend vollständig ausgeschaltet wird. Der Gate-Treiber besteht im Wesentlichen aus zwei Feldeffekttransistoren (field-effect transistor, FET) in sogenannter „push-pull"-Konfiguration. Die Ansteuerung der beiden FETs mittels des Schaltsignals $s$ erfolgt über ein Netzwerk, welches in

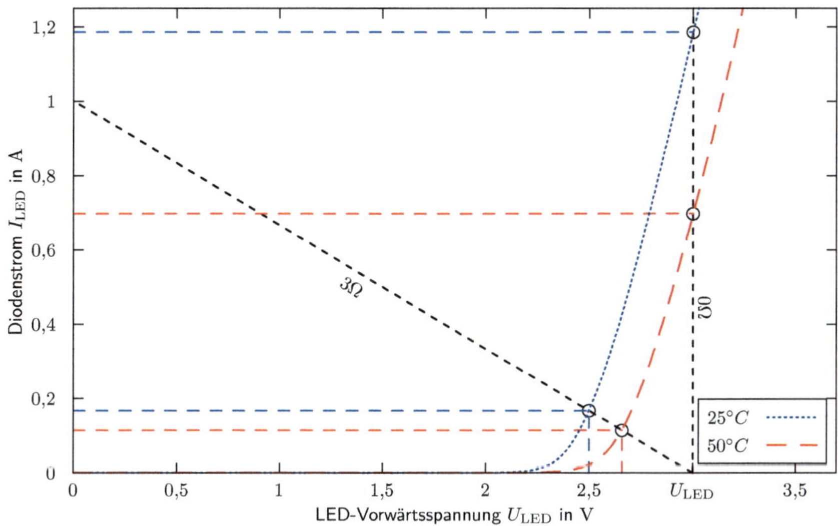

Abbildung 1.2: Darstellung der Temperaturabhängigkeit einer DC-Dioden-Kennlinie anhand einer „Osram Oslon SSL 150 LD CQDP"-LED. Die zur Berechnung benötigten Parameter ($I_\mathrm{s} = 7{,}47 \cdot 10^{-17}\,\mathrm{A}$, $n = 2{,}6834$ und $R_s = 0{,}36021$) wurden einem Spicemodell des Herstellers Osram entnommen. Bild ähnlich [Sch06, S. 111].

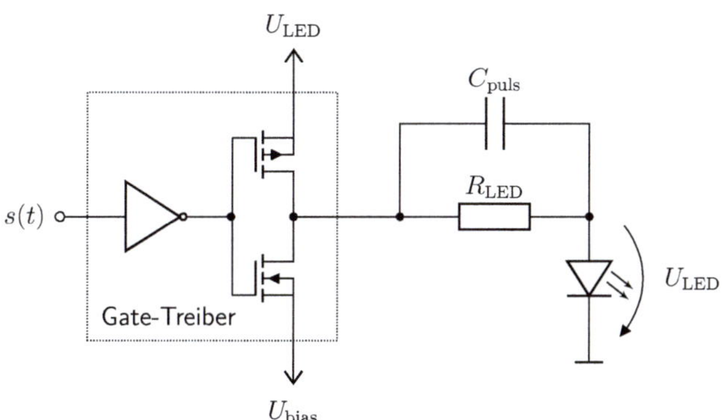

Abbildung 1.3: Ansteuerung einer Sendediode basierend auf einem Gate-Treiber mit nachfolgendem $RC$-Pulsformungsnetzwerk

Abbildung 1.3 vereinfachend als Inverter dargestellt ist. Neben seiner Funktionalität als Inverter stellt dieses Netzwerk u. a. sicher, dass kein Kurzschluss über der Halbbrücke auftreten kann, und ermöglicht die Ansteuerung mit Logikpegeln.

Der Vorwärtsstrom der LED wird über den Vorwiderstand

$$R_{\mathrm{LED}} = \frac{U_{\mathrm{LED}} - U_{\mathrm{LED,b}}}{I_{\mathrm{LED,b}}} \tag{1.7}$$

eingestellt. Der Vorwiderstand dient dabei als Stromregler (vgl. [Sch06, S. 110 f.]), um u. a. fertigungsbedingte Toleranzen sowie die Temperaturabhängigkeit der DC-Dioden-Kennlinie im Vergleich zum direkten Betrieb an einer Spannungsquelle zu reduzieren. Dies lässt sich anhand der Abbildung 1.2 nachvollziehen, indem die resultierenden Betriebsparameter einer blauen LED bei Beschaltung mit und ohne Vorwiderstand verglichen werden. Die beiden $U$-$I$-Kennlinien repräsentieren dabei das LED-Verhalten bei Sperrschichttemperaturen von $25\,^{\circ}C$ und $50\,^{\circ}C$. Es zeigt sich, dass bei Betrieb ohne Vorwiderstand direkt an einer Spannungsquelle (Fall $0\,\Omega$) die Abweichung der resultierenden Dioden-Eingangsleistung bei Temperaturerhöhung mit $41\,\%$ deutlich größer ist als bei Einsatz eines Vorwiderstandes (Fall $3\,\Omega$) mit einer Abweichung von $27\,\%$. Eine Änderung der Temperatur um mehr als $25\,^{\circ}C$ ist dabei nicht unwahrscheinlich, da nicht nur Schwankungen der Umgebungstemperatur die Chiptemperatur beeinflussen, sondern insbesondere das Aufheizen der LED durch die darüber hinaus signalabhängige Verlustleistung zu relevanten Temperaturschwankungen führen kann.

Der Einfluss des zum Stromregelwiderstand $R_{\mathrm{LED}}$ parallel geschalteten Kondensators $C_{\mathrm{puls}}$, welcher zur Verringerung der An- und Ausschaltzeiten dient, wird im Abschnitt 1.1.2 genauer untersucht.

Aus der Literatur sind alternative Möglichkeiten der LED-Ansteuerung zu Kommunikationszwecken beispielsweise mittels Stromregelung über Hochfrequenztransistoren oder Operationsverstärker bekannt. Diese zielen aber zumeist auf kleine optische Leistungen, etwa zur faserbasierten Kommunikation, ab. Dafür erlaubt diese Art der Ansteuerung die Ausgabe eines wertkontinuierlichen Sendesignals wie es z. B. zur Nutzung des orthogonalen Frequenzmultiplex (orthogonal frequency-division multiplexing, OFDM) Modulationsverfahrens notwendig ist. Im Gegensatz dazu sind Gate-Treiber, wie der Ixys IXDN614 [Dat17c], für größere Ausgangsleistungen ausgelegt und insbesondere zur Minimierung der Verlustleistung in den angesteuerten Leistungshalbleitern auf schnelles Umschalten optimiert. Unter anderem aufgrund der Beschränkung der Ansteuerung auf den Schaltbetrieb bieten diese Treiberbausteine einen sehr einfachen Schaltungsaufbau (vgl. Abbildungen 1.3 und 7.4b) und haben sich im Verlauf dieser Arbeit dank der störsicher ausgeführten Schalteingänge für einen zuverlässigen Betrieb bewährt. Es sei außerdem erwähnt, dass in der Literatur (z. B. in [App12]) für kleine Sendeleistungen die

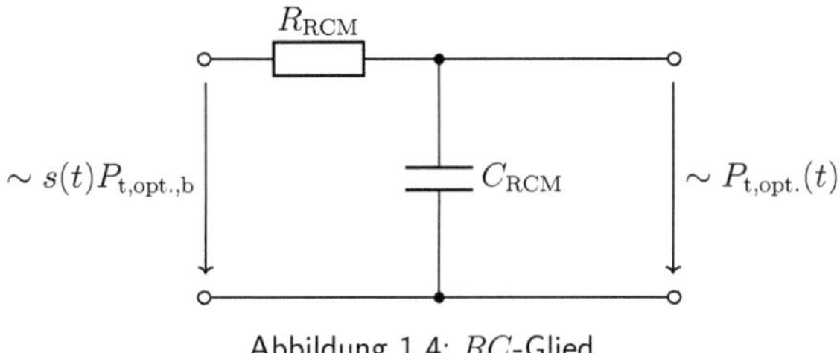

Abbildung 1.4: *RC*-Glied

Verwendung von Logik-Gattern wie dem 74ACTQ00 zur Realisierung einer aufwandsgünstigen Schaltansteuerung vorgeschlagen wird.

Nachfolgend wird in Abschnitt 1.1.1 das dynamische Verhalten der binären LED-Ansteuerung bei Einsatz eines Gate-Treibers als Schalter untersucht. In Abschnitt 1.1.2 wird ein Verfahren zur Verkürzung der Umschaltzeiten eingeführt und in Abschnitt 1.1.3 der Energieverbrauch im Schaltbetrieb analysiert. Die entsprechenden Ergebnisse wurden bei dem späteren Entwurf der in Teil II vorgestellten energieeffizienten und hochratigen Modulationsverfahren berücksichtigt.

### 1.1.1 Modellierung des dynamischen Verhaltens

Das transiente Verhalten des optischen Sendesignals hängt prinzipiell von einer Vielzahl an Parametern ab, welche in der Literatur insbesondere mit sehr aufwendigen LED-Ersatzschaltbildern beschrieben werden und etwa Halbleitereffekte wie die Spannungsabhängigkeit der Sperrschichtkapazität oder thermische Einflüsse berücksichtigen. In [Lee75; Uhl76] werden LED-Modelle mit besonderer Berücksichtigung des An- und Abschaltverhaltens vorgestellt. Diese zeigen in erster Näherung ein Tiefpass-Verhalten, welches wir im Folgenden ähnlich zu [Sch06, S. 393 ff.] als *RC*-Glied modellieren werden. Das nachfolgend angenommene Ersatzschaltbild ist in Abbildung 1.1 dargestellt. Die Innenwiderstände von Versorgungsspannung $U_{\mathrm{LED}}$ und Treiberbaustein bleiben unberücksichtigt, da diese typischerweise deutlich kleiner als der LED-Vorwiderstand $R_{\mathrm{LED}}$ sind.

Die Modellierung der Umschaltvorgänge erfolgt, wie in Abbildung 1.4 gezeigt, indem über ein *RC*-Glied ein Zusammenhang zwischen dem Schaltsignal $s\,(t)$ und der optischen Sendeleistung $P_{\mathrm{t,opt.}}\,(t)$ hergestellt wird. Entsprechend umfasst dieses Modell sowohl den Einfluss der Treiberschaltung als auch der Leuchtdiode. Als Erklärungsmodell vereinigt der Kondensator $C_{\mathrm{RCM}}$ alle Kapazitäten, also im Wesentlichen die Gate-Kapazitäten im Treiberbaustein sowie die Sperrschichtkapazität $C_j$ der LED. Die Sperrschichtkapazität setzt sich aus der Diffusionskapazität $C_d$ und der Raumladungskapazität $C_s$ zusammen (vgl. Abbildung 1.1). Analog umfasst $R_{\mathrm{RCM}}$ den Vorwiderstand der Treiberschaltung $R_{\mathrm{LED}}$ sowie den Bahnwiderstand $R_s$ der Diode. Für die Spannung über dem Kondensator eines *RC*-Gliedes gilt im Fall des Einschaltens

$$P_{\text{t,opt.}}(t) = P_{\text{t,opt.,b}} \left(1 - e^{-t/\tau_1}\right) \tag{1.8}$$

und entsprechend für den Ausschaltvorgang

$$P_{\text{t,opt.}}(t) = P_{\text{t,opt.,b}} e^{-t/\tau_2}. \tag{1.9}$$

In (1.8) und (1.9) werden im Rahmen der Modellbildung anstelle von Spannungen Leistungsgrößen eingesetzt. Die Bestimmung der Zeitkonstanten $\tau_1$ und $\tau_2$ des $RC$-Gliedes kann nach [Sch06, S. 393 f.] über den Signalverlauf von $P_{\text{t,opt.}}(t)$ während der An- und Ausschaltvorgänge erfolgen, indem die Anstiegs- und Abfallzeiten $\tau_\text{r}$ bzw. $\tau_\text{f}$ von $10\,\%$ auf $90\,\%$ bzw. von $90\,\%$ auf $10\,\%$ der Leistung bestimmt werden. Aus diesen folgen mit

$$\tau_1 = \frac{\tau_\text{r}}{\ln 9} \tag{1.10}$$

und

$$\tau_2 = \frac{\tau_\text{f}}{\ln 9} \tag{1.11}$$

die Zeitkonstanten des $RC$-Modells. Zur Verifikation der Anwendbarkeit des $RC$-Glied-Modells zur Modellierung der LED-Umschaltvorgänge wurden die zeitlichen Verläufe der optischen Empfangsleistungen bei An- und Abschaltvorgängen anhand zweier unterschiedlicher LEDs, jeweils mit einer Treiberschaltung nach Abbildung 1.3, vermessen. Die beiden LEDs unterscheiden sich stark hinsichtlich ihres Aufbaus, emittieren aber beide blaues Licht bei etwa $450\,\text{nm}$. Bei der ersten LED handelt es sich um eine „Osram Oslon Black" [Dat12], im Folgenden als Oslon bezeichnet, welche aus einem einzelnen LED-Chip in einem $9\,\text{mm}^2$ großen Gehäuse zur Oberflächenmontage (surface-mount technology, SMT) besteht und eine elektrische Eingangsleistung von bis zu $1\,\text{W}$ erlaubt (siehe Abbildung 7.4a). Die zweite ist eine „Lumileds Luxeon K"-LED [Dat16], nachfolgend als Luxeon-LED bezeichnet, welche als LED-Array aus 16 LED-Chips besteht, die auf einem Aluminiumsubstrat aufgebracht sind. Entsprechend kann diese LED mit bis zu $40\,\text{W}$ elektrischer Eingangsleistung betrieben werden (siehe Abbildung 7.4b). Die Strahlungsausbeute beträgt bei beiden LEDs etwa $60\,\%$.

Die Impulsantworten wurden mit einem Fotodetektormodul DET10A/M [Dat17a] der Firma Thorlabs bestimmt, welches nach dem Datenblatt mit einer Anstiegszeit von $1\,\text{ns}$ eine deutlich höhere Bandbreite aufweist als die gemessenen Impulsantworten. In Abbildung 1.5 sind sowohl die gemessenen Impulsantworten als auch die theoretisch nach dem $RC$-Modell zu erwartenden Signalverläufe dargestellt. Hierzu wurden, ausgehend von den gemessenen Impulsantworten, nach dem beschriebenen Vorgehen $\tau_1$ und $\tau_2$ bestimmt und in die Gleichungen (1.8) bzw. (1.9) eingesetzt. Es zeigt sich, dass für beide LED-Typen mit den aus dem Modell abgeleiteten Impulsformen die Messkurven mit hinreichender Genauigkeit nachgebildet werden können (siehe

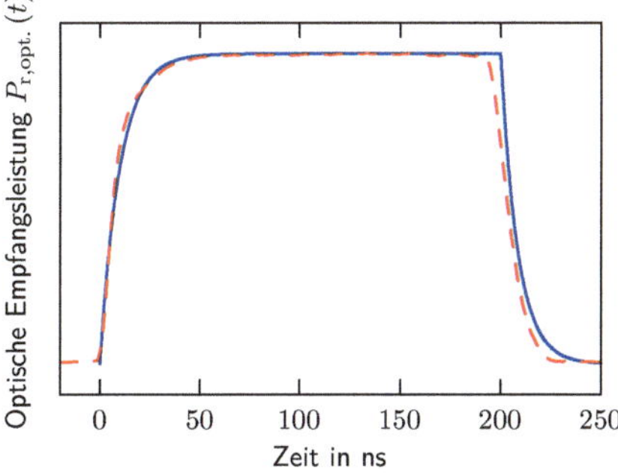

(a) Oslon-LED. Die Parameter des approximativen $RC$-Gliedes sind $\tau_1 \approx 9\,\mathrm{ns}$ und $\tau_2 \approx 8\,\mathrm{ns}$.

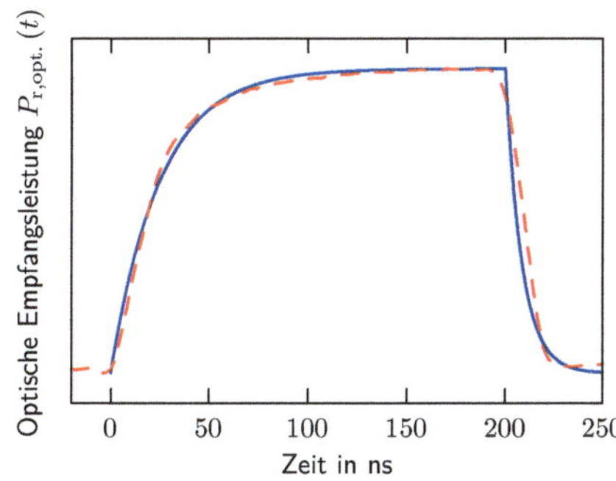

(b) Luxeon-LED. Die Parameter des approximativen $RC$-Gliedes sind $\tau_1 \approx 25\,\mathrm{ns}$ und $\tau_2 \approx 8\,\mathrm{ns}$.

Abbildung 1.5: Approximation der LED-Impulsantwort durch ein $RC$-Glied. Die gemessenen Signalverläufe sind mit einer gestrichelten Linie dargestellt, die synthetischen Impulsantworten aus dem $RC$-Modell als durchgezogenen Linie.

Abbildung 1.5). In den gemessenen Impulsantworten ist jeweils zu Beginn der Umschaltvorgänge ein verlangsamtes Ansprechen erkennbar. Dieser Effekt ist besonders deutlich für den Ausschaltvorgang der Luxeon-LED (vgl. Abbildung 1.5b) sichtbar und deutet auf den Einfluss einer induktiven Komponente hin, welche sich durch eine entsprechende Erweiterung des Modells berücksichtigen ließe.

Die Erwartung einer höheren Bandbreite für die Oslon-LED aufgrund der kleineren Abmessungen und der daraus resultierenden kleineren Kapazität wird allerdings nur zum Teil erfüllt, denn während die Anstiegszeit der Luxeon-LED deutlich länger als die der Oslon-LED ist, unterscheiden sich die Abfallzeiten nicht wesentlich. Dies liegt daran, dass die Bandbreite der Sendeeinheit im Falle der Oslon-LED von der Schaltgeschwindigkeit des eingesetzten Gate-Treibers dominiert wird.

Die vorgeschlagenen Gleichungen zur Beschreibung des transienten Verhaltens sind solange hinreichend, wie angenommen werden kann, dass die Mindestverweildauern in einem Zustand nicht wesentlich kürzer als die Umschaltzeiten sind, sodass jeweils die Endzustände 0 bzw. $P_{\mathrm{t,opt.,b}}$ zumindest näherungsweise erreicht werden. Falls dies nicht erfüllt ist, muss für den jeweils nächsten Umschaltvorgang der zuletzt erreichte Zustand berücksichtigt werden. Der Signalverlauf bei vorzeitigem Umschalten wurde messtechnisch in Abbildung 1.6 untersucht. Für die Erweiterung des bisherigen Modells um ein Gedächtnis bezüglich des jeweils vorausgegangenen

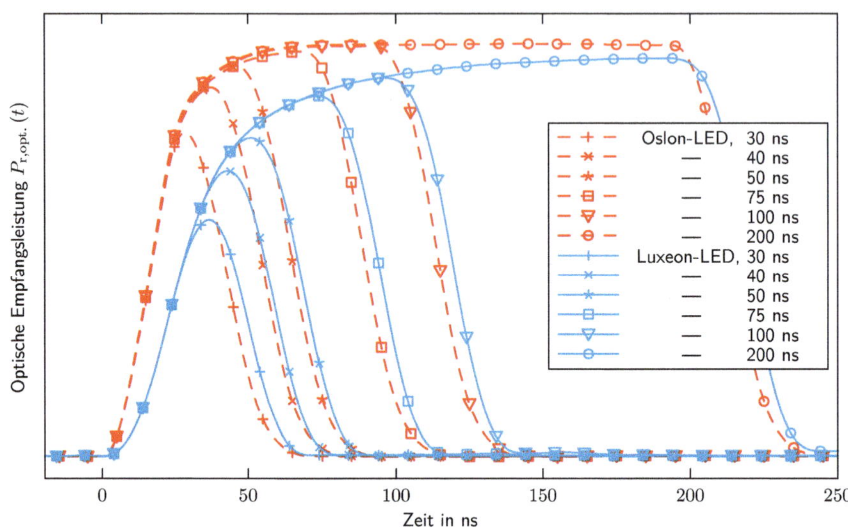



Abbildung 1.6: Darstellung unvollständiger Umschaltvorgänge anhand der gemessenen Empfangs-signale für einige exemplarische Pulslängen

Endwertes gehen wir von einer Sequenz von Schaltzuständen $s_n$ mit jeweils einer Symboldauer $T_s$ aus. Für den zeitlichen Verlauf des optischen Signals gilt:

$$P_{\text{t,opt.}}(t) = \begin{cases} P_{\text{t,opt.}}(nT_s)\, e^{-\frac{t-nT_s}{\tau_2}} & \text{falls } s_n = 0 \\ P_{\text{t,opt.,b}} + \left[P_{\text{t,opt.}}(nT_s) - P_{\text{t,opt.,b}}\right] e^{-\frac{t-nT_s}{\tau_1}} & \text{falls } s_n = 1, \end{cases} \tag{1.12}$$

wobei der Anfangszustand (Fall $n = 0$) mit

$$P_{\text{t,opt.}}(nT_s) = 0 \tag{1.13}$$

zu berücksichtigen ist. In Abbildung 1.7 ist beispielhaft ein unter Anwendung dieses erweiterten Modells berechneter Signalverlauf dargestellt.

## 1.1.2 Steigerung der Flankensteilheit

Im Sinne einer möglichst hochratigen Kommunikation sind die benötigten Umschaltzeiten von fundamentaler Bedeutung und auch die Energieeffizienz des Gesamtsystems hängt, wie in Abschnitt 1.1.3 erläutert wird, von diesem Parameter ab. Nach [BTRM13] sollte das Verhältnis

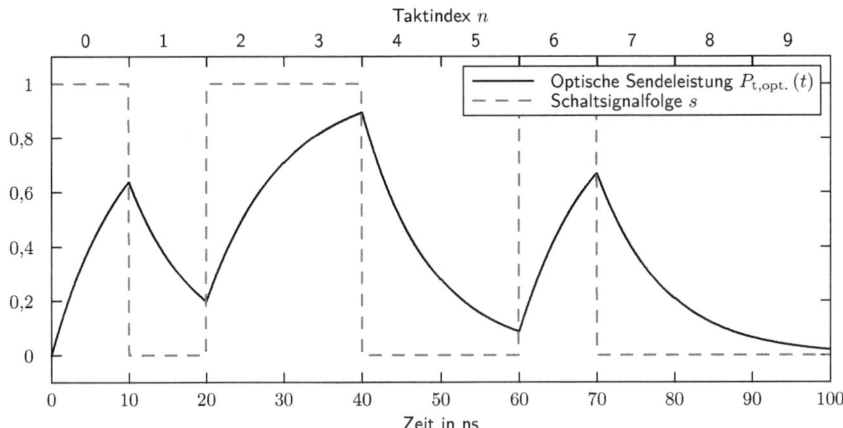


Abbildung 1.7: Simulativ bestimmte Signalfolge nach dem um ein Gedächtnis erweiterten $RC$-Modell. Die Beispielsequenz lautet $\mathbf{s} = [1, 0, 1, 1, 0, 0, 1, 0, 0, 0]$.

aus dem Strom $I_\mathrm{r}$ bzw. $I_\mathrm{f}$ während der An- bzw. Abschaltvorgänge zum Strom $I_{\mathrm{LED,b}}$ im kontinuierlichen Betrieb maximiert werden, um ein möglichst schnelles Umschalten zu erreichen. In der Literatur werden verschiedene Pulsformungsnetzwerke vorgeschlagen, welche sich insbesondere bezüglich ihrer Komplexität, der erzielbaren Flankensteilheit und dem zusätzlichen Energieaufwand für die Pulsformung unterscheiden. In der vorliegenden Arbeit wird ausschließlich die sogenannte $RC$-Pulsformung, vgl. [BTRM13; Sch06, S. 400], untersucht. Diese kann, wie in Abbildung 1.3 gezeigt, durch das Ergänzen eines Pulsformungskondensators $C_\mathrm{puls}$ realisiert werden.

Während der Anschaltvorgänge wird $C_\mathrm{puls}$ aufgeladen, und dieser Aufladevorgang sorgt für einen erhöhten Stromfluss $I_\mathrm{r}$ durch die Leuchtdiode. In Folge werden die Kapazitäten der LED schneller aufgeladen und der Anschaltvorgang erfolgt entsprechend schneller. Der Ausschaltvorgang wird ebenfalls beschleunigt, da die während des Anschaltvorgangs aufgeladene Pulsformungskapazität einen erhöhten Potentialunterschied während des Ausschaltvorgangs zur Folge hat. Dementsprechend fließt ein erhöhter Entladestrom $I_\mathrm{f}$.

Am Beispiel der Oslon-LED wird der Einfluss der Pulsformung, vgl. Abbildung 1.8, nachfolgend messtechnisch betrachtet. Hierzu wurde die optische Impulsantwort beim Einsatz von verschieden großen Pulsformungskapazitäten von $1\,\mathrm{nF}$ bis $5\,\mathrm{nF}$ bestimmt. Die Anstiegs- und Abfallzeiten nehmen mit steigender Kapazität wie erwartet ab. Das Schaltverhalten zeigt bei Einsatz des Pulsformungsnetzwerkes darüber hinaus für die ansteigende Flanke ein Überschwingverhalten, welches mit steigender Kapazität zunimmt. Dieser parasitäre Effekt wird vermutlich von einem induktiven Anteil im Pulsfomungspfad hervorgerufen. Das Überschwingverhalten begrenzt den Einsatz der $RC$-Pulsformung in dem gewählten Schaltungsaufbau. Eine Möglichkeit die Ab-

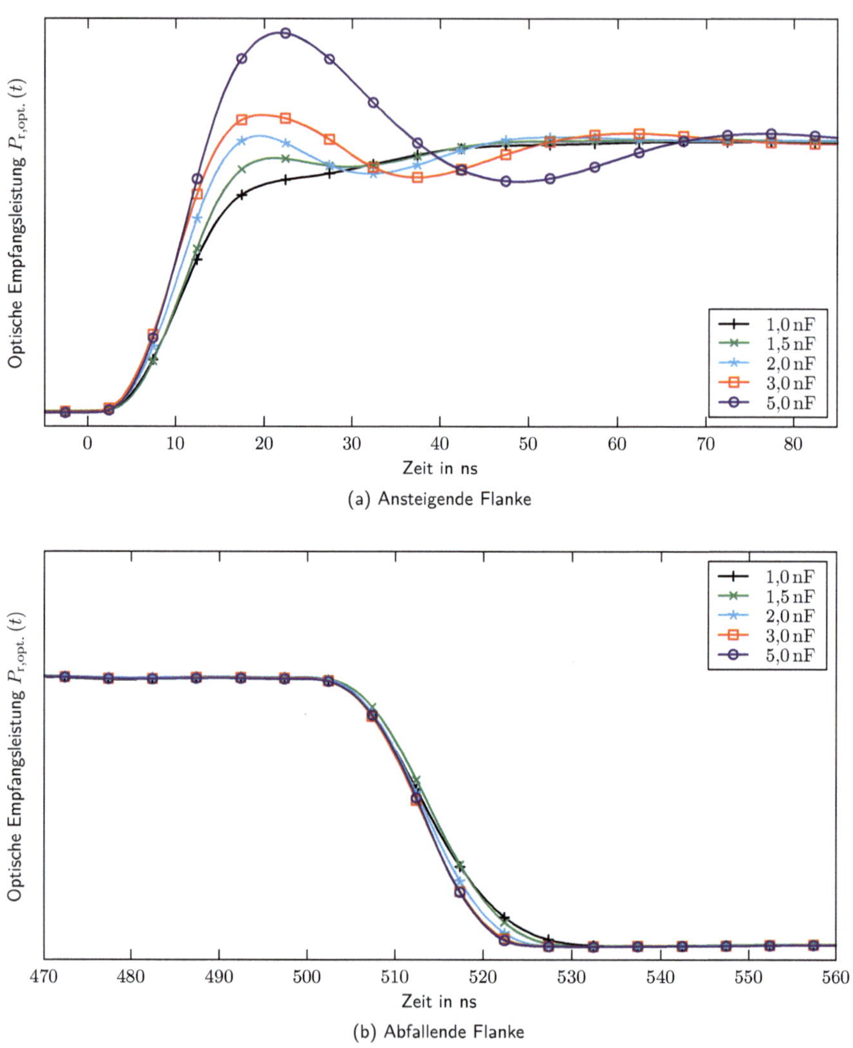

(a) Ansteigende Flanke

(b) Abfallende Flanke

Abbildung 1.8: Impulsantwort einer Oslon-LED in Abhängigkeit von $C_{\mathrm{puls}}$

schaltzeiten weiter zu verkürzen ist, die in der LED verbliebenen Ladungsträger beschleunigt zu entfernen, das sogenannte „carrier sweep-out" wie es etwa in [KTUT14] vorgeschlagen wird. Allgemein können die verschiedenen Pulsfomungsnetzwerke als Anpassungsnetzwerk zwischen Treiber und LED aufgefasst werden.

Alternative Konzepte der Pulsformung mit parallel geschalteten Widerständen oder Induktivitäten, wie z. B. in [Lee75] vorgeschlagen, sind wiederum weniger geeignet, wenn die Energieeffizienz der Sendeeinheit im Vordergrund steht. Denn in den meisten vorgeschlagenen Pulsformungsnetzwerken sind die zusätzlichen Bauteile nicht nur während der Umschaltvorgänge wirksam, sondern nehmen z. B. im angeschalteten Zustand permanent Energie auf. Eine Annahme für die in dieser Arbeit entwickelten Modulationsverfahren ist, dass die Umschaltzeiten sehr viel kürzer sind als die Verweilzeiten im eingeschwungenem Zustand. Entsprechend würde die permanente Energieaufnahme im An-Zustand unverhältnismäßig stark aus der Energiebilanz hervortreten und die Leistungseffizienz des Übertragungssystems wäre entsprechend reduziert. Nach [BRTM12] können Pulsformungsnetzwerke die optische Ausgangsleistung steigern. Dieser Effekt wird in Abschnitt 1.1.3 genauer untersucht.


### 1.1.3 Energieaufwand für Zustandsänderungen

Eine wichtiger Grund für die Entwicklung der binären Superpositionsmodulation als hochratiges Übertragungsverfahren ist der vergleichsweise niedrige Energieaufwand im Schaltbetrieb. Klassischerweise werden in der optischen Intensitätsmodulation Verstärker eingesetzt, welche, wie in Abbildung 1.9a gezeigt, die LED mit einem gewissen Modulationsgrad um den Arbeitspunkt modulieren. Dies bedeutet zum einen, dass je nach Linearitätsanforderung des Modulationsverfahrens nur ein Teil der Ausgangsleistung signaltragend ist, und ferner weisen lineare Verstärker mit einem theoretischen Maximum von z. B. 25 % in der Klasse A, vergleichsweise niedrige Effizienzen auf. Im Unterschied dazu ist die vorgeschlagene Gate-Treiber Schaltung im kontinuierlichen Betrieb näherungsweise verlustfrei. Der Nachteil des im Vergleich zu dem wertkontinuierlichen Verfahren eingeschränkten Modulationsalphabets kann nach Abbildung 1.9b mit der Überlagerung mehrere diskreter Quellen zu einem „quasi-kontinuierlichen" Summensignal je nach Anwendungsfall kompensiert werden. Es sei außerdem auf die alternative Möglichkeit der LED-Ansteuerung, basierend auf Schaltwandlern [KPH18], verwiesen.

Im Folgenden leiten wir für die binäre Ansteuerung von LEDs einen analytischen Zusammenhang des Energieaufwandes in Abhängigkeit von der Umschalthäufigkeit der Sendesequenz her und verifizieren den Ansatz anhand von Messergebnissen. Für die Energiebetrachtung im Schaltbetrieb legen wir weiterhin das $RC$-Modell aus Abschnitt 1.1.1 zugrunde und nehmen an, dass die Zustandsübergänge jeweils vollständig erfolgen. Aus diesen Annahmen folgt, dass der

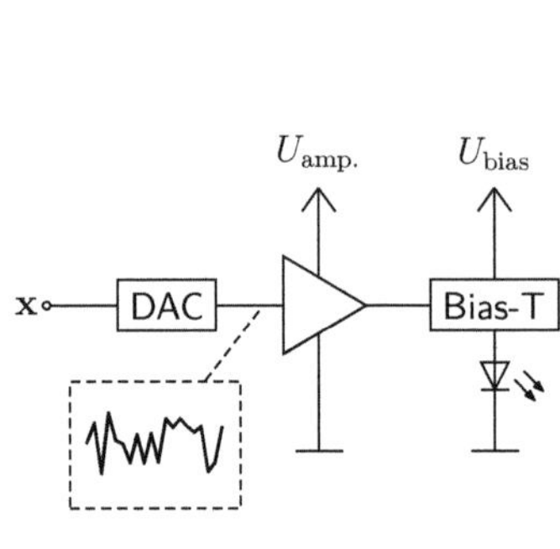

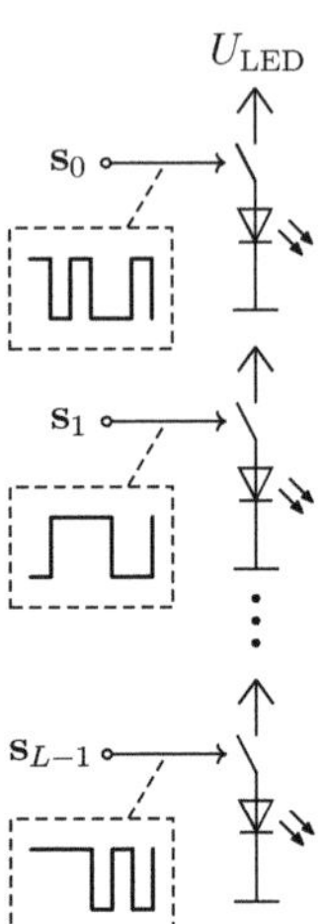

(a) Direkte Amplitudenmodulation mit einem Verstärkerbaustein

(b) Superposition binärer Signale zu einem mehrstufigen Summensignal

Abbildung 1.9: Prinzipschaltbild unterschiedlicher Methoden der LED-Ansteuerung

Energieaufwand für das Umladen der Kapazität des $RC$-Modells dem Energieaufwand für einen Umschaltvorgang entspricht. Entsprechend gilt

$$E_{\mathrm{drv.}} = \frac{1}{2} C_{\mathrm{RCM}} \left( U_{\mathrm{LED}} - U_{\mathrm{bias}} \right)^2 \tag{1.14}$$

und wir können den Energieverbrauch der Schaltvorgänge zu

$$E_{\mathrm{drv.}} \cdot S_{\mathrm{mod.}} \tag{1.15}$$

bestimmen. Mit $S$ wird die in Abhängigkeit des eingesetzten Modulationsverfahrens pro Quellbit benötigte Anzahl von Umschaltvorgängen bezeichnet. Zur messtechnischen Bestätigung dieser Annahmen wurde die Eingangsleistung unseres exemplarischen Treibers in Abhängigkeit von der Taktrate gemessen. Außerdem wurde die optische Empfangsleistung erfasst, um den Einfluss des Schalttaktes zu bestimmen. Als Sendediode kam erneut die Luxeon-LED zum Einsatz, und die Ansteuerung erfolgte, wie in Abbildung 1.3 dargestellt, per Gate-Treiber. Die beiden Versorgungsspannungen $U_{\mathrm{bias}} = 16\,\mathrm{V}$ und $U_{\mathrm{LED}} = 48\,\mathrm{V}$ wurden durch ein Labornetzgerät zur Verfügung gestellt, welches zugleich zur Erfassung der Treiberleistung, entsprechend der Summation beider Quellen, diente. Das Empfangssignal eines in festem Abstand zur Sendediode angeordneten Empfängers wurde mittels eines Speicheroszilloskops per Integration bestimmt und

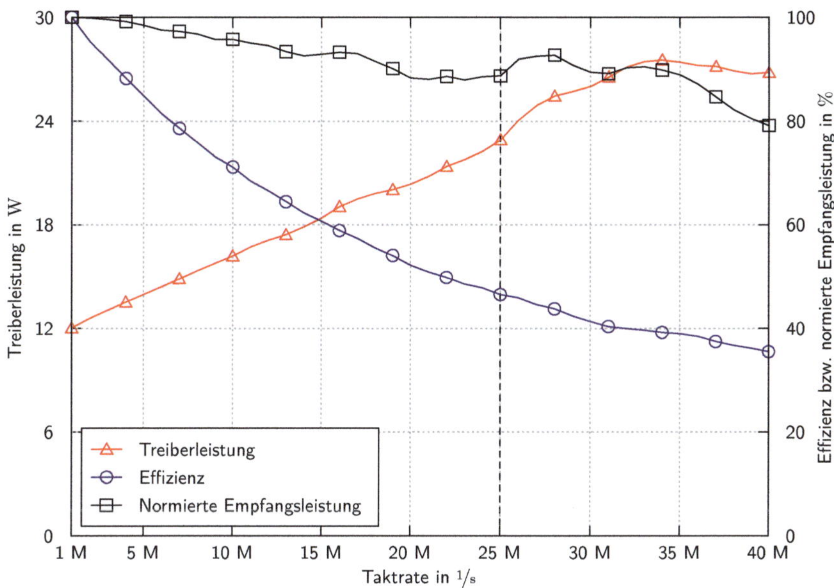


Abbildung 1.10: Messtechnisch bestimmter Energieaufwand der Treiberschaltung in Abhängigkeit von der Taktrate bei Einsatz von OOK als Modulationsverfahren

auf den Messwert bei $1\,\mathrm{MHz}$ normiert. Die Effizienz des Treibers, unter Berücksichtigung der Empfangsleistung, folgt aus den beiden Messgrößen. Die Ansteuerung erfolgte mit einer zufällig gewählten binäre Amplitudenumtastung (on-off keying, OOK)-Sequenz hinreichender Länge.

Die Ergebnisse sind in Abbildung 1.10 dargestellt. Bis etwa $25\,\mathrm{MHz}$ steigt die Treiberleistung näherungsweise proportional an, bei höheren Raten kommen zunehmend parasitäre Effekte hinzu. Unter anderem ist nach Abbildung 1.6 ersichtlich, dass ein Einschaltvorgang nach

$$\mathrm{^{1}/_{25\,MHz}} = 40\,\mathrm{ns} \tag{1.16}$$

nahezu vollständig abgeschlossen ist, und entsprechend kann für höhere Umschaltraten nicht mehr angenommen werden, dass die Umschaltvorgänge vollständig erfolgen. Aus diesem Grund ist der nachfolgend bestimmte Energieaufwand pro Umschaltvorgang für Schaltraten bis $25\,\mathrm{MHz}$ gültig. Aus den Messergebnissen kann die Leistungsaufnahme pro Umschaltvorgang berechnet werden:

$$E_{\mathrm{drv.}} \approx \frac{23\,\mathrm{W} - 12\,\mathrm{W}}{25\,\mathrm{MHz} - 1\,\mathrm{MHz}} \cdot \frac{1}{2} \approx 0{,}23\,\mathrm{^{\mu W}/_{Hz}}. \tag{1.17}$$

Der aus Abbildung 1.10 ersichtliche, umschaltratenunabhängige Grundverbrauch von etwa $12\,\text{W}$ wird nahezu vollständig in der LED für die Emission des optischen Signals aufgewendet.

In Bezug auf die optische Empfangsleistung kann festgestellt werden, dass diese mit zunehmender Umschaltrate abnimmt und außerdem die Empfangsleistung mit der Treiberleistung derart korreliert ist, dass sich im gesamten gemessenen Schaltratenbereich ein „gleichmäßiger" Verlauf der Effizienzkurve ergibt. Entsprechend bietet es sich an, die Messergebnisse für den Energieaufwand am Sender für höhere Raten mit der Empfangsleistung zu korrigieren. Dieser Ansatz wurde jedoch im Rahmen dieser Arbeit nicht weiter verfolgt, da weiterhin von vollständig erfolgten Umschaltvorgängen ausgegangen werden soll.

Die Anzahl der Umschaltvorgänge, welche sich bei der Nachbildung verschiedener klassischer Modulationsverfahren mittels Superpositionsmodulation ergeben, werden in Abschnitt 3.1 hergeleitet und anschließend in Abschnitt 3.3.3 mit der Anzahl der Schaltoperationen des neuentwickelten Verfahrens verglichen. Zur Vergleichbarkeit der verschiedenen Verfahren wurde mit

$$\|S\|_L = {}^1\!/_L \cdot S \tag{1.18}$$

die normierte Umschalthäufigkeit eingeführt. Auf diese Weise wird der Einsatz einer unterschiedlichen Anzahl von Sendeeinheiten insofern berücksichtigt, dass der Energieaufwand für das Umschalten aller Quellen konstant bleibt bzw. die umzuladende Kapazität eines Teiltreibers mit $E_{\text{drv.}}/L$ angenommen wird. Mit (1.15) und (1.17) kann anhand der Umschalthäufigkeit der Energieaufwand im Treiber für das jeweilige Modulationsverfahren bestimmt werden.

# 1.2 Fotodiodenempfänger

## 1.2.1 Transimpedanzverstärker

Als Sensoren zur Detektion inkohärenter optischer Signale am Empfänger werden in der optischen Nachrichtenübertragung üblicherweise PDs eingesetzt. Vorteilhaft im Sinne einer hohen Signalbandbreite und eines linearen Verhaltens über viele Dekaden ist ein Betrieb im sogenannten Quasi-Kurzschluss mittels eines TIAs (vgl. [Gra96, S. 21 ff.]). Die Verstärkung eines solchen Strom-Spannungs-Wandlers (siehe Abbildung 1.11) wird über den Rückkopplungswiderstand $R_{\text{f}}$ eingestellt:

$$y(t) = -R_{\text{f}} \cdot i_{\text{PD}}(t) + n(t)\,. \tag{1.19}$$

Die Bandbreite einer TIA-basierten Verstärkerschaltung ist aufgrund des Betriebs im Quasi-Kurzschluss in erster Näherung nicht durch die Kapazität der Fotodiode, sondern durch den Operationsverstärker sowie durch parasitäre Kapazitäten begrenzt [Gra96, S. 33]. Der Kondensator $C_{\text{f}}$ im Rückkopplungspfad der TIA-Schaltung dient zur Stabilisierung der rückgekoppelten

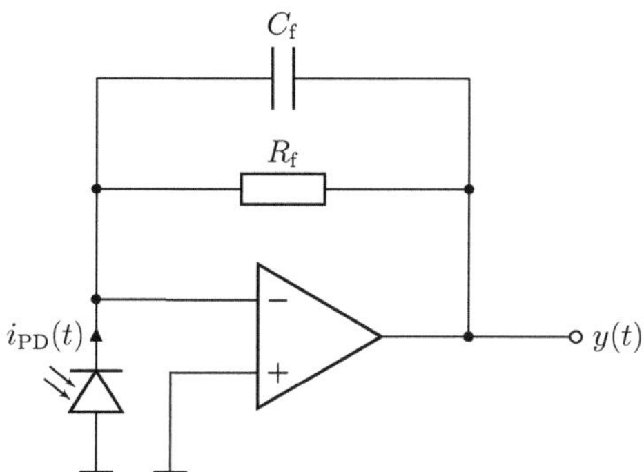

Abbildung 1.11: TIA-Empfängerschaltung

Verstärkerschaltung. Dieser kann nach dem sogenannten Stabilitätskriterium von Barkhausen [Gra96, S. 49] näherungsweise mit

$$C_\mathrm{f} = \sqrt{\frac{C_\mathrm{i}}{2\pi R_\mathrm{f}}} \tag{1.20}$$

bestimmt werden, wobei $C_\mathrm{i} \gg C_\mathrm{f}$ erfüllt sein muss. $C_\mathrm{i}$ ist die Summe aus den Gegentakt- und Gleichtakt-Eingangskapazitäten $C_\mathrm{id}$ und $C_\mathrm{icm}$ des Operationsverstärkers (operational amplifier, OA) sowie der Fotodiodenkapazität $C_\mathrm{PD}$. Die Bandbreite des TIA ergibt sich mit dem Verstärkungs-Bandbreiteprodukt (gain–bandwidth product, GBP) des OAs zu

$$f_{3\,\mathrm{dB}} = \sqrt{\frac{\mathrm{GBP}}{2\pi R_\mathrm{f} C_\mathrm{i}}}. \tag{1.21}$$

In einem optischen Freiraumübertragungssystem ist neben dem Signalanteil ein Störlichtanteil, hervorgerufen sowohl durch das natürliche Sonnenlicht als auch durch künstliche Lichtquellen, zu erwarten. Das Umgebungslicht erhöht nicht nur, wie in Abschnitt 1.2.2 ausgeführt, die Rauschleistung am Empfänger, sondern kann darüber hinaus zur Sättigung der Empfangsschaltung führen. Mögliche Maßnahmen der Interferenzreduktion werden in Kapitel 6 diskutiert. Als alternativer Ansatz wurde ebenfalls untersucht, den Gleichanteil mittels eines zweiten OAs durch Rückkopplung des Gleichanteiles zu kompensieren. Da eine Beeinflussung der Nutzsignalwerte etwa bei Folgen mit einem momentanen Gleichanteil ungleich null nicht ausgeschlossen werden kann, wurde auf den weiteren Einsatz dieser Methode verzichtet.

Die Amplitude des Nutzsignals variiert außerdem mit dem Abstand (vgl. Abschnitt 2.3) von Sender zu Empfänger über mehrere Dekaden. Eine Möglichkeit ist der Einsatz eines Verstärkers mit einstellbarem Verstärkungsfaktor (variable gain amplifier, VGA). Für das realisierte Unterwassermodem wurde, wie in Abschnitt 7.2 ausgeführt, ein alternativer Ansatz mit zwei festen Verstärkungsfaktoren gewählt.

## 1.2.2 Rauschverhalten

Das Rauschverhalten einer Fotodioden-Verstärkerschaltung ist ein komplexes Zusammenspiel aus den angenommenen Anforderungen, wie etwa dem Frequenzgang und der Bauteilparameter. Auch verschiedene Schaltungstopologien wie etwa mehrstufige Verstärker und der physikalische Aufbau der Schaltung beeinflussen dieses Verhalten stark. Für Details sei etwa auf [Säc05; Gra96; Hob01] verwiesen. In der nachfolgenden Untersuchung berücksichtigen wir, ähnlich etwa wie [Hoe19], nur das thermische Rauschen des Rückkopplungswiderstandes und das Schrotrauschen der Fotodiode. Diese beiden Rauschmechanismen sind eine untere Schranke der erreichbaren Gesamtrauschleistung, denn es bleiben weitere Rauschprozesse wie etwa das Eigenrauschen des OA unberücksichtigt. Für die Summenrauschleistung gelte deshalb

$$N_{\text{elec.}} = N_{\text{shot}} + N_{\text{therm}}. \tag{1.22}$$

Das thermische Rauschen

$$N_{\text{therm}} = \frac{4\mathrm{k_b}TW}{R_{\text{f}}} \tag{1.23}$$

wird nach [KB97] vom Rauschen des Rückkopplungswiderstandes dominiert, falls von niedrigen Datenraten ($< 10\,\text{MHz}$) ausgegangen werden kann.

Der zweite relevante Rauschprozess ist das Schrotrauschen. Diesem liegt der Effekt zugrunde, dass der Stromfluss durch den Halbleiterübergang der PD, hervorgerufen durch die einfallende optische Leistung, nicht kontinuierlich erfolgt, sondern sich aus diskreten Stromimpulsen zusammensetzt. Entsprechend weißt das aus der Überlagerung der Einzelimpulse entstehende Summensignal Schwankungen auf. Der für diesen Rauschprozess ursächliche Fotostrom $i_{\text{PD}}(t)$ setzt sich aus dem optischen Nutzsignal und dem Umgebungslichtanteil zusammen. Der Signalanteil kann dabei für die Rauschbetrachtung vernachlässigt werden, da typischerweise die durch diesen erzeugte Rauschleistung wesentlich kleiner als jene des thermischen Widerstandsrauschens ist. Dementsprechend ist die Vereinfachung auch für den Fall gültig, dass kein Umgebungslicht vorhanden ist, etwa beim Betrieb der optischen Übertragungsstrecke in großer Wassertiefe. Für das Schrotrauschen gilt

$$N_{\text{shot}} = 2\mathrm{e_0}E\left\{i_{\text{PD}}(t)\right\}W. \tag{1.24}$$

Nach [KB97] kann das resultierende Rauschsignal als weiß und gaußförmig angenommen werden.

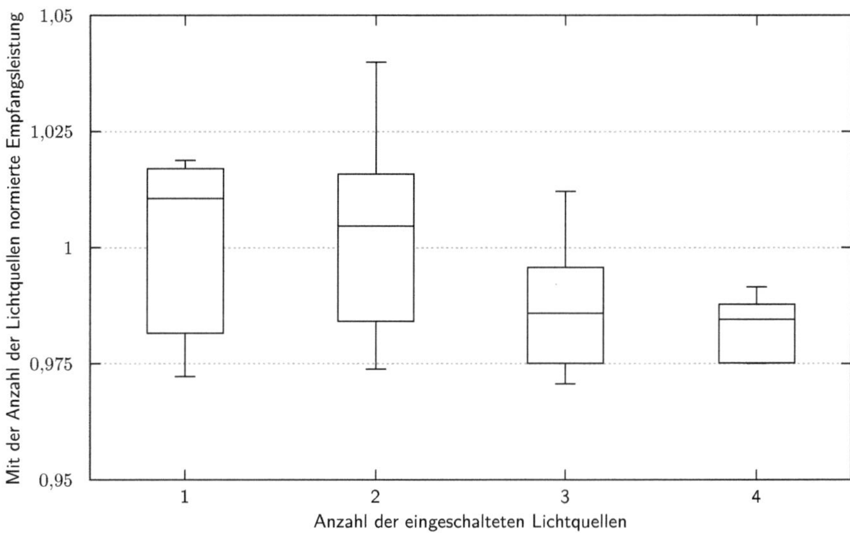

Abbildung 1.12: Statistische Auswertung der LED Empfangsleistungen

### 1.2.3 Linearität

Im Allgemeinen ist sowohl die Empfindlichkeit einer PD als auch die Verstärkung eines TIA linear innerhalb des zulässigen Wertebereiches. Um einen möglichen Einfluss parasitärer Effekte sicher auszuschließen zu können, wurde der für den Einsatz im Unterwassermodem entwickelte Empfänger mit $l = 1, \ldots, 4$ Lichtquellen näherungsweise identischer Intensität beleuchtet. Die Ergebnisse in Abbildung 1.12 zeigen, dass die vier zu erwartenden äquidistanten Intensitätsstufen in guter Näherung erreicht werden.

**2**

# Kanalmodell der inkohärenten optischen Kommunikation

Im Folgenden wird ein Modell des optischen Übertragungssystems eingeführt, welches in der weiteren Arbeit Anwendung findet. Neben der optischen Freiraumübertragungsstrecke erfasst das vorgestellte Modell die Eigenschaften von Sende- und Empfangseinheiten und stellt einen Bezug zu den zugehörigen diskreten Signalfolgen her. Der Einfluss der Freiraumausbreitung folgt in Abschnitt 2.3 im Anschluss an die Herleitung des äquivalenten zeitdiskreten Kanalmodells.

Einen hohen Stellenwert nimmt bei der Modellbildung die Berücksichtigung aller relevanten physikalischen Einflussfaktoren in dem resultierenden äquivalenten zeitdiskreten Kanalmodell ein. Als Sendeeinheiten wird von LEDs, also intensitätsmodulierten Lichtquellen, ausgegangen. Folglich werden am Empfänger inkohärente Detektoren, typischerweise Fotodioden, eingesetzt. Eine ausführliche Darstellung der Zusammenhänge ist insbesondere deshalb wichtig, weil es sich bei dieser Art Empfänger im Gegensatz zu z. B. elektromagnetischen Übertragungssystemen um Leistungsdetektoren handelt, und dies u. a. in den darauf aufbauenden Definitionen der Symbolenergie entsprechend berücksichtigt werden muss. Die nachfolgend eingeführte Notation ist an die Darstellung in [Hoe19] angelehnt.

## 2.1 Leistungsdefinition

Das nachfolgend beschriebene Modell des Übertragungssystems ist in Abbildung 2.1 dargestellt. Bei dem Sendesignal $x(t)$ mit $0 \leq x(t) \leq 1$ handelt es sich um eine Feldgröße, welche den Strom durch eine Leuchtdiode oder alternativ durch die an einer Leuchtdiode anliegende Spannung repräsentiert. Die Beziehung dieser beiden Größen wird in Abbildung 2.2 verdeutlicht. Der Ver-

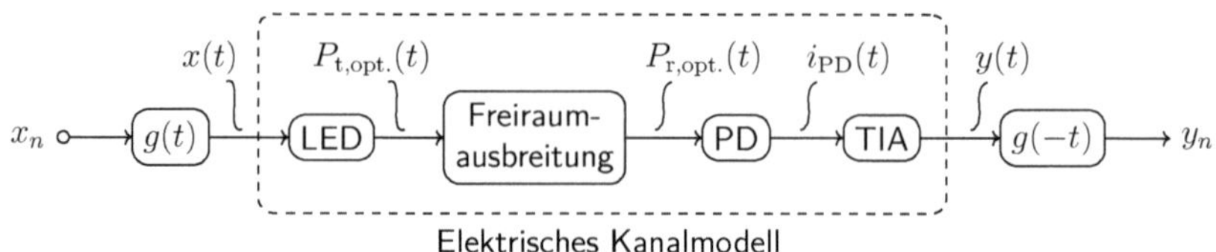



Abbildung 2.1: Optische Intensitätsmodulation mit inkohärentem Empfänger, dargestellt mittels des entwickelten äquivalenten zeitdiskreten Kanalmodells

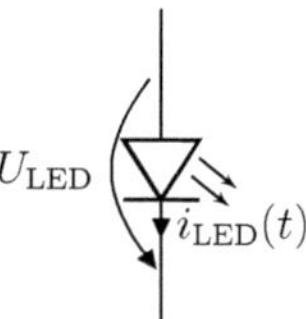



Abbildung 2.2: Strom- und Spannungsbezug an einer Leuchtdiode

stärkungsfaktor $G_{\mathrm{LED}}$ dient zur Anpassung des normierten Sendesignals an die Betriebsparameter der physikalischen Sendediode. Im Falle einer Modulation des Stroms der Leuchtdiode gilt

$$i_{\mathrm{LED}}(t) = x(t) \cdot G_{\mathrm{LED}} \tag{2.1}$$

und für die elektrische Eingangsleistung der Sendediode folgt

$$P_{\mathrm{t,elec.}}(t) = i_{\mathrm{LED}}(t) \cdot U_{\mathrm{LED}} \,. \tag{2.2}$$

Die Dioden-Kennlinie der Leuchtdiode, d. h. die Abhängigkeit der Vorwärtsspannung $U_{\mathrm{LED}}$ von dem Diodenstrom wurde nicht berücksichtigt, da in der folgenden Arbeit von binärer Modulation, d. h. einem festen Arbeitspunkt für den angeschalteten Zustand, ausgegangen werden kann. Diese Argumentation lässt sich auch auf den Fall der Superposition mehrerer binär angesteuerter Lichtquellen anwenden, da die einzelnen Lichtquellen jeweils in einem festen Arbeitspunkt betrieben werden.

Nachfolgend wird das Modell um eine äquivalente zeitdiskrete Darstellung nach [Nyq28] erweitert, welche vorteilhaft im Sinne einer digitalen Verarbeitung der diskreten Signalfolgen **x**, **y** und **n** ist. Zu diesem Zweck fassen wir Zeitabschnitte der Länge $T_s$ als diskrete Symbole auf. So steht $x_n$ für das $n$-te Symbol der Sendesignalfolge **x**. Das zeitkontinuierliche Sendesignal

$$x(t) = \sum_n x_n g\left(t - nT_s\right) \tag{2.3}$$

ergibt sich dementsprechend aus der um $n$ Symbolintervalle verschobenen Überlagerung der Sendeimpulsform

$$g(t) = \begin{cases} 1/T_s & 0 \le t < T_s \\ 0 & \text{sonst} \end{cases} \tag{2.4}$$

welche wir idealisiert als rechteckförmig annehmen wollen. Unter diesen Annahmen kann wie folgt vereinfacht werden:

$$P_{t,\text{elec.}}(t) = U_{\text{LED,b}} \cdot I_{\text{LED,b}} \cdot x_n, \qquad T_s \cdot n \le t < T_s(n+1),\, n = 0, \dots, N-1. \tag{2.5}$$

Mit der Effizienz $\eta_e$ der Leuchtdiode folgt die optische Sendeleistung zu

$$P_{t,\text{opt.}}(t) = P_{t,\text{elec.}}(t) \cdot \eta_e \tag{2.6}$$

bzw. mit der Vereinfachung sowie (1.5):

$$P_{t,\text{opt.}}(t) = P_{t,\text{opt.,b}} \cdot x_n, \qquad T_s \cdot n \le t < T_s(n+1),\, n = 0, \dots, N-1. \tag{2.7}$$

Somit ist die optische Sendeleistung proportional zu den Sendeamplituden $x(t)$. Für die Empfangsleistung gilt

$$P_{r,\text{opt.}}(t) = P_{t,\text{opt.}}(t) \cdot H = x(t) \cdot G_{\text{LED}} \cdot U_{\text{LED}} \cdot \eta_e \cdot H, \tag{2.8}$$

wobei $H$ der Dämpfungsfaktor eines optischen Kanals ohne Intersymbolinterferenz (inter-symbol interference, ISI) sei. Eine differenzierte Betrachtung des physikalischen Kanals folgt in Abschnitt 2.3.

Der Unterschied in der Leistungsdefinition im Vergleich zum elektromagnetischen Kanal ergibt sich aus der Tatsache, dass es sich bei Fotodioden um Leistungsdetektoren („square law devices") handelt. Diese Eigenschaft lässt sich gut anhand der folgenden zwei Zusammenhänge nachvollziehen. Der Fotostrom ist einerseits proportional zur optischen Empfangsleistung (2.9), wobei $S_{\text{PD}}$ die Empfindlichkeit der Fotodiode bezeichnet, und steht andererseits in quadratischer Abhängigkeit zur elektrischen Ausgangsleistung der Fotodiode (2.10). Die elektrische Empfangsleistung in (2.10) folgt aus (1.19).

$$i_{\text{PD}}(t) = P_{r,\text{opt.}}(t) \cdot S_{\text{PD}} \tag{2.9}$$

$$P_{r,\text{elec.}}(t) = i_{\text{PD}}^2(t) \cdot R_{\text{f}} \tag{2.10}$$

Nach [Sch11] führen wir den Pulsformungsgewinn $\kappa$ ein:

$$\kappa = \frac{E\left\{i_{\mathrm{PD}}^2(t)\right\}}{E\left\{i_{\mathrm{PD}}(t)\right\}^2} \tag{2.11}$$

Dieser kann als eine von der Eingangssignalfolge abhängige Verbesserung des empfängerseitigen Rauschabstandes im Vergleich zu einem unmodulierten Signal mit $\kappa = 1$ interpretiert werden.

Mit (2.9) und (2.10) lässt sich ein Zusammenhang von elektrischer Empfangsleistung zu dem Sendesignal $x(t)$ herstellen:

$$E\left\{P_{\mathrm{r,elec.}}(t)\right\} = E\left\{x^2(t)\right\}(G_{\mathrm{LED}} \cdot U_{\mathrm{LED}} \cdot \eta_e \cdot H \cdot S_{\mathrm{PD}})^2 R_{\mathrm{f}} \tag{2.12}$$

## 2.2 Signal/Rausch-Leistungsverhältnis

Aus den Gleichungen (2.8)-(2.10) folgt:

$$P_{\mathrm{r,elec.}} \sim \kappa P_{\mathrm{r,opt.}}^2. \tag{2.13}$$

Im Unterschied zur elektromagnetischen Kommunikation ist im Falle der inkohärenten optischen Kommunikation die elektrische Empfangsleistung nicht proportional zur Sendeleistung, sondern steht in einer quadratischen Abhängigkeit, welche darüber hinaus mit $\kappa$ abhängig von der Signalamplitudenverteilung ist. Entsprechend sind zwei mögliche Definitionen des Signal/Rausch-Leistungsverhältnisses (signal-to-noise ratio, SNR) naheliegend. Für den Fall, dass das SNR auf die Sendeleistung bzw. die optische Empfangsleistung bezogen wird, bezeichnen wir das SNR im Folgenden als optisches SNR. Die Alternative, das SNR auf die elektrische Empfangsleistung zu beziehen, bezeichnen wir als elektrisches SNR.

Das optische SNR ist ein Indikator für die Leistungsfähigkeit des Gesamtsystems, da der notwendige Energieaufwand am Sender ins Verhältnis zur empfängerseitigen Rauschleistung gesetzt wird. In der weiteren Arbeit wird deshalb vorwiegend die mittlere Sendeleistung, d. h. das optische SNR, als Maß für die Leistungseffizienz der verschiedenen Modulationsverfahren genutzt und entsprechend der für die Kommunikation notwendige Energieaufwand herausgestellt. Da in der Literatur und nicht nur in der elektromagnetischen Kommunikation, sondern auch für die Intensitätsmodulation mit inkohärenter Detektion (intensity-modulation and direct-detection, IM/DD), die in dieser Arbeit als elektrisches SNR bezeichnete Definition vorzufinden ist, sind alle in dieser Arbeit auf das optische SNR bezogenen Ergebnisse für das elektrische SNR in Anhang A.4 aufgeführt.

Die Rauschleistung wird in beiden Fällen auf den Eingang des TIA bezogen, indem das Rauschsignal wie in Abbildung 2.3 dargestellt am Verstärkereingang bestimmt wird. Ferner wird

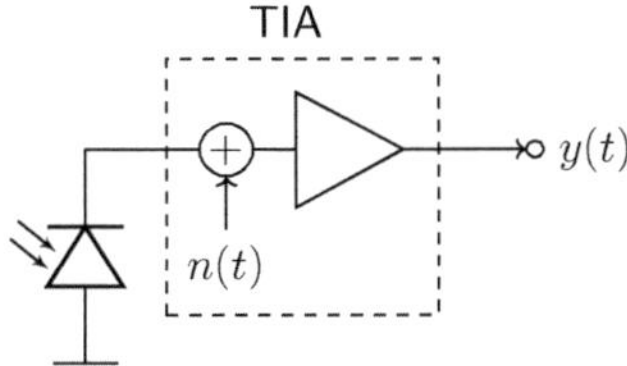


Abbildung 2.3: Prinzipbild des optischen Empfängers mit einer Ersatzrauschquelle am Eingang des Transimpedanzverstärkers.

davon ausgegangen, dass die Rauschspannungen und Ströme von Fotodiode und TIA-Schaltung zu weißem gaußförmigen Rauschen (additive white Gaussian noise, AWGN) mit der einseitigen Rauschleistungsdichte $N_0$ konvergieren. Mit Bandbreite $W$ und Symboldauer $T_s$ folgt für die Leistungsgrößen nach [Hoe19]:

$$P_{\text{r,elec.}} = \frac{E_{\text{s,elec.}}}{T_s} \tag{2.14}$$

$$N_{\text{elec.}} = N_0 W \tag{2.15}$$

Die eingeführten Verstärkungsfaktoren wie z. B. die Effizienz der Leuchtdiode müssen im Sinne einer Vergleichbarkeit verschiedener Modulationsverfahren über das SNR nicht berücksichtigt werden. Denn in diesem Fall sind sie für alle möglichen Übertragungsverfahren identisch. Auch $WT_s$ kann mit der Annahme eines Matched-Filter Empfängers zu eins angenommen werden. Für das bezüglich der Empfangsleistung standardisiert optische SNR gelte:

$$\frac{E_{\text{s,opt.}}^*}{N_0^*} = \frac{E\{x(t)\}}{E\{n^2(t)\}}, \quad E\{x(t)\} \overset{!}{=} 1 \tag{2.16}$$

Die vorliegende Definition für das standardisierte optische SNR berücksichtigt entsprechend den Pulsformungsfaktor, aber nicht die tatsächliche Empfangsleistung. Bei gegebenen Empfangsleistung kann das optische SNR $E_{\text{s,opt.}}/N_0$ mit

$$\frac{E_{\text{s,opt.}}^*}{N_0^*} = \left(\frac{E_{\text{s,opt.}}}{N_0}\right) \cdot E_{\text{s,opt.}} \tag{2.17}$$

standardisiert werden (siehe auch A.3). Der Vorteil dieser Definition liegt daran, dass auf diese Weise verschiedene Modulationsverfahren direkt bezüglich ihrer Energieeffizienz verglichen werden können.

Mit (2.11) und (2.12) ergibt sich das elektrische SNR zu:

$$\frac{E_{\text{s,elec.}}}{N_0} = \frac{E\{x^2(t)\}}{E\{n^2(t)\}} = \kappa \frac{E_{\text{s,opt.}}^2}{N_0} . \tag{2.18}$$

Unter der Annahme, dass kein Zeitversatz zwischen Empfangs- und Sendefolge besteht, lassen sich die diskreten Empfangssymbole wie folgt berechnen:

$$y_n = \int_{T_s} y\left(\tau\right) \cdot g\left(nT_s - \tau\right) d\tau. \tag{2.19}$$

Aus der Definition des standardisierten SNR in (2.16) folgt das zeitdiskrete Äquivalent

$$\frac{E_{\mathrm{s,opt.}}^*}{N_0^*} = \frac{E\left\{x_n\right\}}{E\left\{n_n^2\right\}}, \quad E\left\{x_n\right\} \overset{!}{=} 1, \tag{2.20}$$

und für das elektrische SNR gilt entsprechend

$$\frac{E_{\mathrm{s,elec.}}}{N_0} = \frac{E\left\{x_n^2\right\}}{E\left\{n_n^2\right\}}. \tag{2.21}$$

Zur Vollständigkeit sei ferner der Zusammenhang von Bit zu Symbolenergie über die Modulationsrate $R$ gegeben:

$$E_b = \frac{E_s}{R}. \tag{2.22}$$

## 2.3 Optische Freiraumausbreitung

Die Erfassung des Einflusses des physikalischen Ausbreitungskanals erfolgt zweckmäßigerweise über die Kanalimpulsantwort $h\left(\tau\right)$ und sollte möglichst vollständig die Veränderung des optischen Signals auf der Strecke zwischen LED und PD erfassen. Zum einen wird nur ein kleiner Teil der Sendeleistung den Detektor erreichen, u. a. da das Medium einen gewissen Teil der Leistung absorbiert und da die ausgeleuchtete Fläche mit steigender Entfernung zunimmt, wodurch die Leistungsdichte entsprechend abnimmt. Auch die Richtcharakteristik von Sender und Empfänger sind in diesem Zusammenhang zu berücksichtigen.

Der andere Einflussfaktor ist die sogenannte Dispersion. Die Ursache liegt darin, dass Signalanteile den Empfänger über Umwege erreichen und dementsprechend nicht nur eine zeitliche Verzögerung des Signals aufgrund der Entfernung zwischen Sender und Empfänger beobachtet werden kann, sondern das Signal darüber hinaus zeitlich gestreckt am Detektor eintrifft. Diese Verzerrung wird nachfolgend nicht weiter berücksichtigt, da für die in dieser Arbeit verwendeten Symboldauern nur ein vernachlässigbar geringes Übersprechen beobachtet werden kann. Auch können diese linearen Verzerrungen mit den bewährten Entzerralgorithmen, siehe z. B. [Hoe13, 18.2.1, S. 515 ff.], kompensiert werden.

So verbleibt als relevanter Effekt die Dämpfung des Signals, welche über den Gleichanteil der Kanalimpulsantwort, d. h. den Kanalkoeffizienten $H$, beschrieben werden kann (siehe [KN04]).

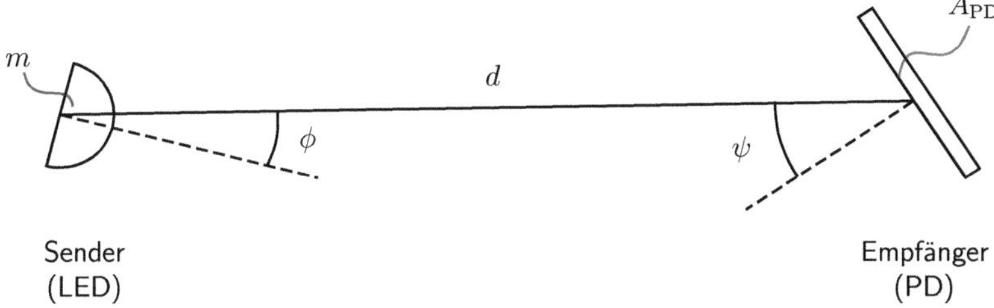



Abbildung 2.4: Freiraumausbreitung auf dem direkten Pfad zwischen LED und PD

Für den direkten Pfad, d. h. die Sichtlinie (line of sight, LOS) zwischen Sender und Empfänger, gilt:

$$H_{\mathrm{LOS}} = \underbrace{(m + 1)\cos^m \phi}_{\mathrm{LED}} \cdot \underbrace{\frac{L\left(\lambda, d\right)}{2\pi d^2}}_{\text{direkter Pfad}} \cdot \underbrace{A_{\mathrm{PD}}\cos\psi}_{\mathrm{PD}}. \tag{2.23}$$

Der Modellbildung liegt ein Strahlenmodell zugrunde, wobei vorerst Reflexionen unberücksichtigt bleiben und die Geometrie, wie in Abbildung 2.4 dargestellt, auf eine zweidimensionale Ebene projiziert wird. In (2.23) können drei Anteile identifiziert werden. Die Richtcharakteristik der LED wird als generalisierter Lambertstrahler mit der Ordnung $m$ beschrieben (vgl. [DH15, S.17, Abb. 2.3]). Mit zunehmenden $m$ nimmt dabei die Richtwirkung zu, $m = 1$ repräsentiert einen Halbwertswinkel von $120\,°$. Die Ausbreitungsdämpfung des Pfades wird über eine quadratische Entfernungsabhängigkeit erfasst. Hinzu kommt die wellenlängenabhängige Absorption $L\left(\lambda, d\right)$ des Mediums, welche für das Medium Luft meist vernachlässigt werden kann, in der Unterwasserkommunikation aber von großer Bedeutung ist (vgl. Abschnitt 5.1). Die Aufnahme des optischen Signals am Empfänger hängt von der Fläche $A_{\mathrm{PD}}$ des Detektors ab, welcher als planar angenommen wird, und steht in cos-Abhängigkeit zum Einfallswinkel $\psi$.

Nach [BKK+93] kann das Modell um Reflexionspfade erweitert werden. Im Rahmen dieser Arbeit ist ein Simulationsprogramm für den dreidimensionalen Raum entstanden, welches Mehrfachreflexionen rekursiv berücksichtigt und von diskretisierten Flächenelementen als Reflektoren ausgeht. Zweckmäßig ergibt sich folgendes Schema welches anhand des in Abbildung 2.5

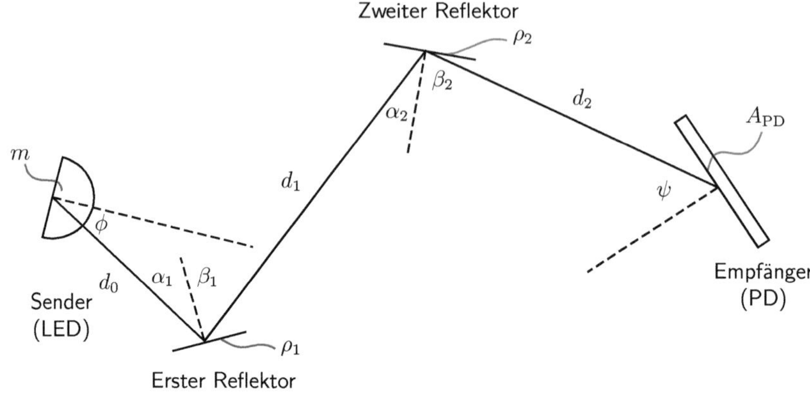


Abbildung 2.5: Ein exemplarischer Pfad mit zwei Reflexionen

skizzierten Beispiels nachvollzogen werden kann:

$$H_{\mathrm{LED}} = (m + 1)\cos^m \phi \tag{2.24}$$

$$H_0 = \frac{L\left(\lambda, d_0\right)}{2\pi d_0^2} \tag{2.25}$$

$$H_{\mathrm{ref.},i} = \frac{L\left(\lambda, d_i\right) \rho_i \cos\left(\alpha_i\right) \cos\left(\beta_i\right) A_{\mathrm{ref.},i}}{\pi d_i^2} \tag{2.26}$$

$$H_{\mathrm{PD}} = A_{\mathrm{PD}} \cos\psi \tag{2.27}$$

Wie die Indizes implizieren, beschreibt $H_{\mathrm{LED}}$ die Charakteristik der Sendediode, $H_0$ den Pfad ausgehend von der Sendediode, $H_{\mathrm{ref.},i}$ den $i$-ten Reflexionspfad und $H_{\mathrm{PD}}$ den Einfluss der Empfangsdiode. Der Pfad $H_{\mathrm{ref.},i}$ verläuft vom vorhergehenden Reflektor $i - 1$ entweder bis zum nachfolgenden Reflektor $i$ oder zum Detektor. Die Anzahl der Reflexionen wird mit $n$ gekennzeichnet, die Reflexionsflächen werden in diskretisierte Elemente aufgeteilt, welche mit der wirksamen Oberfläche $A_{\mathrm{ref.}}$ und einem Reflexionskoeffizienten $\rho_i$ beschrieben werden können. Die Ein- und Ausfallswinkel, $\alpha_i$ und $\beta_i$, sowie die Entfernung $d_i$ ergeben sich aus den geometrischen Zusammenhängen. Im Ergebnis steht der rekursive Zusammenhang

$$H = H_{\mathrm{LED}} H_{\mathrm{PD}} H_0 \left(1 + \sum_{\forall \mathrm{Ref.,Det.}} H_{\mathrm{ref.},1}\left(1 + \sum_{\forall \mathrm{Ref.,Det.}} H_{\mathrm{ref.},2}\left(1 + \cdots\right)\right)\right), \tag{2.28}$$

welcher typischerweise nach wenigen Rekursionen abgebrochen werden kann. Eine interessante Alternative zu dem vorgeschlagenen Verfahren wird in [Sch16] mit der Berechnung des optischen Modells im Frequenzbereich beschrieben.

In der optischen Freiraumkommunikation ist der Einfluss von Interferenzsignalen eine große Herausforderung. Eine nachträgliche Filterung ist im Rahmen der digitalen Signalverarbeitung in den meisten Fällen leicht möglich, da es sich bei den Störsignalen entweder um einen Gleichanteil, etwa durch Sonneneinstrahlung, handelt oder um niederfrequente Störungen durch konventionelle Beleuchtungsmittel, welche mit der Netzfrequenz und den entsprechenden Oberwellen auftreten. Allerdings kann diese Filterung erst nach der Detektion erfolgen und die Störkomponenten tragen deshalb entsprechend zur Entstehung von Rauschen (vgl. Abschnitt 1.2.2) am Empfänger bei bzw. dominieren in vielen Fällen die Rauschleistung. Auch in Bezug auf den Dynamikumfang des Empfängers, d. h. insbesondere der Verstärkerschaltung, ist die Interferenzkomponente problematisch. So ist das entwickelte optische Modem ohne weitere Maßnahmen bei Tageslicht nicht einsetzbar, da die Sonneneinstrahlung zur Sättigung des Empfängers führt und eine Signalauswertung entsprechend verhindert. Mögliche Maßnahmen sind u. a. eine richtungsabhängige Filterung nach Abschnitt 6.3 und eine wellenlängenabhängige Filterung, vgl. Abschnitt 6.1.

# Teil II

# Nachrichtenübertragung mittels Superposition von Intensitäten

Im nachfolgenden Teil der Arbeit wird ein neues Superpositionsverfahren auf Basis von Sequenzen mit Schaltbeschränkungen eingeführt und eine auf dieses Modulationsverfahren angepasste Codierung entwickelt.

Zunächst wird in Kapitel 3 die Überlagerung mehrer Lichtquellen auf dem optischen Kanal unter besonderer Berücksichtigung des Amplitudeneinflusses der einzelnen Lichtquellen erläutert und im Anschluss mehrere Modulationsverfahren zu Referenzzwecken hinsichtlich ihrer Eigenschaften, wie z. B der Modulationsrate und der Umschalthäufigkeit, untersucht. Neben den klassischen optischen Modulationsverfahren mit Schaltansteuerung OOK und PPM umfasst diese Untersuchung die in Rahmen dieser Arbeit vorgeschlagenen Superpositionsmodulationsverfahren Amplituden-Superpositionsmodulation und Superpositionsmodulation mit zyklischen Verschiebungen. Anschließend wird die Beschränkung einzelner Sequenzen zur Erzeugung modulierter Folgen in der optischen Datenübertragung vorgestellt und in Abschnitt 3.3 auf die Superposition mehrerer unabhängig beschränkter Sequenzen erweitert. Das zugehörige Konstruktionsverfahren auf Basis einer Graphenstruktur bildet den Kern dieser Ausarbeitung. Eine vergleichende Analyse der Eigenschaften des neu entwickelten Modulationsverfahrens erfolgt auf Grundlage der zu den Referenzverfahren gewonnenen Ergebnissen.

Ausgehend von dem Modulationsgraphen wird in Kapitel 4 ein zugehöriger Codiergraph nach dem Konstruktionsverfahren von Franaszek abgeleitet. Eine Besonderheit ist die Optimierung des Codes hinsichtlich seiner Verwendung auf dem IM/DD-Kanal und eine Sequenzschätzung auf Basis des BCJR-Algorithmus anstelle der konventionell genutzten ML-Decodierung.

# 3

# Binäre Superpositionsmodulation

Die Superpositionsmodulation basiert auf der in Abbildung 3.1 dargestellten additiven Überlagerung der Intensitäten von $L$ Lichtquellen. Das in Kapitel 2 vorgestellte IM/DD-Kanalmodell lässt sich bezüglich der Überlagerung mehrerer optischer Signale $H_l\mathbf{s}_l$ am Empfänger zu

$$\mathbf{y} = \sum_{l=0}^{L-1} H_l\mathbf{s}_l + \mathbf{n} \tag{3.1}$$

erweitern. Unter der Annahme, dass alle Kanalkoeffizienten $H_l$ einen näherungsweise identischen Wert $H$ aufweisen, gilt:

$$\mathbf{y} = H \sum_{l=0}^{L-1} \mathbf{s}_l + \mathbf{n} = H\mathbf{x} + \mathbf{n}\,. \tag{3.2}$$

Im Folgenden nehmen wir an, dass die einzelnen LEDs mittels der Schaltsequenzen $\mathbf{s}_l$ binär angesteuert werden. Entsprechend gilt $s_l \in \{0, 1\}$ und die Summenintensität $x$ nimmt ganzzahlige Werte im Bereich von $0$ bis $L$ an.

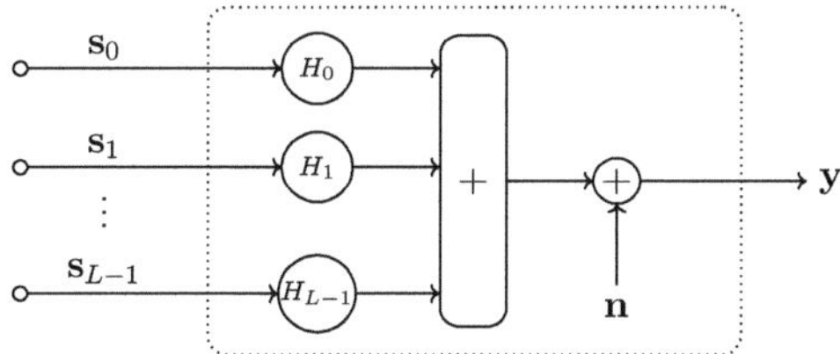

Abbildung 3.1: IM/DD-Kanalmodell der Superposition von $L$ Lichtquellen

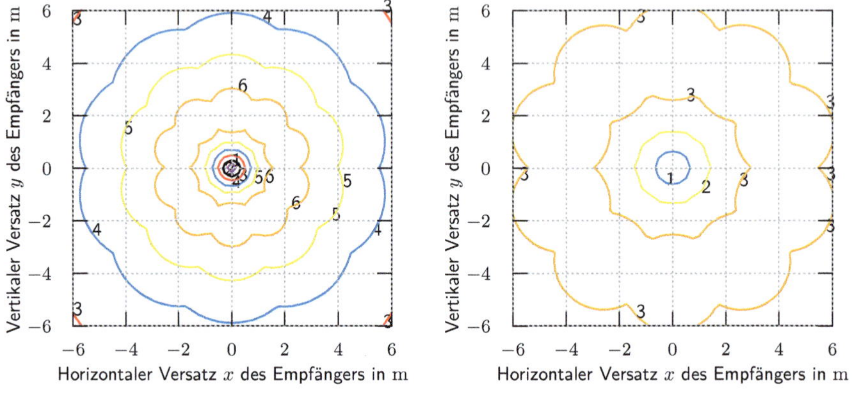

(a) $2\,\mathrm{m}$ Distanz zwischen Sender und Empfänger  (b) $4\,\mathrm{m}$ Distanz zwischen Sender und Empfänger

Abbildung 3.2: Simulative Ergebnisse zum Unterschied zwischen dem größten und dem kleinsten Kanalkoeffizienten (Angabe in Prozent)

## Geometrische Überlegungen bezüglich der Kanalkoeffizienten

Wie etwa in [MHL15] ausgeführt wird, kann man für Lichtquellen, welche aus mehreren LEDs in geringem geometrischen Abstand bestehen, Schwankungen der Kanalkoeffizienten im Bereich von $1\,\% - 2\,\%$ erwarten. Im Rahmen der Entwicklung des optischen Unterwassermodems wurde die Abweichung der Kanalkoeffizienten simulativ untersucht. Die Anordnung der LEDs im simulierten Szenario entspricht, abgesehen von der Annahme punktförmiger Lichtquellen, der des realisierten Unterwassermodems (vgl. Abbildung 7.2). Fünf Sendedioden mit einem Halbwertswinkel von $\Phi_{1/2} = 116°$ sind dabei regelmäßig kreisförmig auf einer Ebene angeordnet. Der Durchmesser des Kreises beträgt $6,9\,\mathrm{cm}$. In Abbildung 3.2 sind die maximalen Abweichungen der Kanalkoeffizienten bei einem Abstand von Sender zu Empfänger von $2\,\mathrm{m}$ und $4\,\mathrm{m}$ dargestellt. In $4\,\mathrm{m}$ Abstand betragen die aufgrund der geometrischen Anordnung zu erwartenden Unterschiede demnach weniger als $4\%$. Eine andere mögliche Ursache für Abweichungen der Kanalkoeffizienten sind Unterschiede in der Ausgangsleistung der einzelnen LEDs, hervorgerufen etwa durch Fertigungstoleranzen der eingesetzten Bauteile. Eine Messung über eine Distanz von $1\,\mathrm{m}$, mithilfe der in Abbildung 3.3 gezeigten Vorrichtung, hat eine Standardabweichung der normierten Koeffizienten von ungefähr $3,7 \cdot 10^{-3}$ ergeben, obwohl kein Abgleich der Sendeleistungen der einzelnen Dioden vorgenommen wurde und der Detektor, bedingt durch den Aufbau des Modems, etwas außermittig angeordnet ist. Die durchgeführte Messung bestätigt die simulativ gewonnenen Ergebnisse.

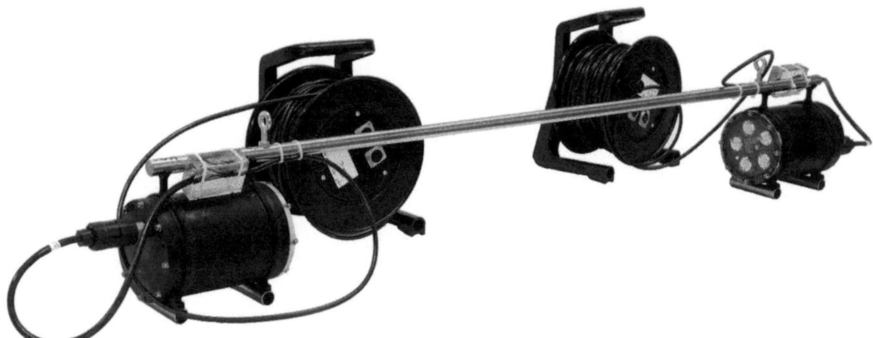

Abbildung 3.3: Vorrichtung zur Vermessung einer Freiraumübertragungsstrecke über eine Distanz von einem Meter. Das rechte Modem ist zur Interferenzreduktion mit einem FGB7-Farbglasfilter ausgestattet.

Zusammenfassend kann festgestellt werden, dass die Annahme identischer Kanalkoeffizienten keine wesentliche Einschränkung ist, wenn von örtlich konzentrierten Strahlern, bestehend aus mehreren Leuchtdioden identischen Typs, ausgegangen werden kann.

Es sei angemerkt, dass auch kommerziell erhältliche Beleuchtungslösungen typischerweise aus einer Vielzahl von einzelnen LEDs aufgebaut sind und die Annahme nahezu identischer Kanalkoeffizienten in vielen Fällen auch hier getroffen werden kann. Als typisches Beispiel seien die in sogenannter Chip-on-Board-Technologie (chip-on-board, COB) hergestelten LED-Arrays wie etwa die Soleriq P13 des Herstellers Osram, dargestellt in Abbildung 3.4, genannt.

## 3.1 Referenzverfahren

Die Modulationsverfahren binäre Amplitudenumtastung, Pulsamplitudenmodulation und Pulsphasenmodulation dienen im Rahmen dieser Arbeit als Referenz zur Bewertung der neu entwickelten Superpositionsmodulationsverfahren. Diese klassischerweise in der optischen Kommunikation eingesetzten Modulationsverfahren können, wie nachfolgend aufgezeigt wird, mittels einer Sendeeinheit auf Basis des Superpositionsprinzips, bestehend aus $L$ unabhängig schaltbaren Sendedioden, nachgebildet werden.

Auf die Untersuchung der insbesondere für den Einsatz in VLC populären OFDM-Verfahren [DA13] wurde in dieser Ausarbeitung verzichtet. Denn es handelt sich bei diesen um direkt intensitätsmodulierte Modulationsverfahren, welche mit der vorgeschlagenen Sendehardware nicht abgebildet werden können. Darüber hinaus bieten diese Verfahren in Mehrwegeszenarios nach [BWK12], u. a. aufgrund des benötigten Gleichstromanteiles welcher nicht informationstragend ist,

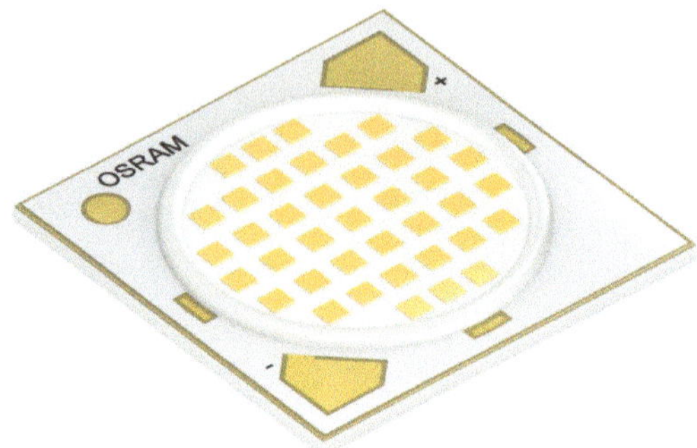


Abbildung 3.4: Bild einer Osram „Soleriq P13"-COB-LED. Auf einem Keramikträger mit einer Kantenlänge von $19\,\mathrm{mm}$ sind 39 LED-Chips angeordnet (Bildquelle: Osram). Die gelbe Phosphorbeschichtung der einzelnen LED-Chips emittiert nach dem Prinzip der Lumineszenz bei Anregung durch die „blaufarbigen" Spektren der LEDs „gelbes" Licht. Die spektrale Überlagerung beider Anteile führt zu einem „weißen" Farbeindruck.

keine höhere Leistungseffizienz als etwa Pulsamplitudenmodulation (pulse-amplitude modulation, PAM) mit entscheidungsrückgekoppelter Entzerrung (decision feedback equalization, DFE).

**Anzahl der Umschaltvorgänge**

Als Maß für den Energieaufwand im Schaltbetrieb haben wir in Abschnitt 1.1.3 die Anzahl der Umschaltvorgänge $S$ identifiziert, welche im Mittel notwendig sind, um ein Bit darzustellen. Als normierte Größe führen wir nun

$$\|S\|_L = S/L \tag{3.3}$$

ein, indem wir die Anzahl der Sendedioden rechnerisch kompensieren. Denn nach (1.14) ist der Energieaufwand für einen Umschaltvorgang proportional zu der umzuladenden Kapazität. Entsprechend nehmen wir an, dass der Energieaufwand für das Schalten einer Gesamtkapazität identisch zu dem Aufwand für das Schalten von $L$ Teilkapazitäten mit jeweils einem $L$-tel der Gesamtkapazität ist.

## 3.1.1 Nachbildung klassischer Modulationsformate

**Binäre Amplitudenumtastung**

Die zwei möglichen Zustände von binäre Amplitudenumtastung (on-off keying, OOK) werden im Rahmen der Superposition durch zeitgleiches Schalten aller Sendedioden in den An- bzw. Aus-Zustand realisiert. Entsprechend ergeben sich die Sende-Intensitäten $0$ und $L$. Die erreichbare Modulationsrate ist

$$R_{\mathrm{OOK}} = 1\,{}^{\mathrm{Bit}}\!/_{\mathrm{Symbol}} \tag{3.4}$$

und für den Pulsformungsgewinn gilt

$$\kappa_{\mathrm{OOK}} = 2. \tag{3.5}$$

Für die Umschalthäufigkeit folgt

$$S_{\mathrm{OOK}} = {}^{L}\!/_{2}\,{}^{\mathrm{Umschaltvorgänge}}\!/_{\mathrm{Bit}}, \tag{3.6}$$

da sich mit Wahrscheinlichkeit $^{1}/_{2}$ der neue Zustand vom vorhergehenden unterscheidet und in diesem Fall alle $L$ LEDs geschaltet werden müssen.

**Amplituden-Superpositionsmodulation**

Unter unipolarer PAM-Modulation (vgl. [JYG13; FH15; LHZ+13]) versteht man ein mehrstufiges Modulationsverfahren, wobei die diskreten Amplitudenwerte über eine Sendeeinheit mit wertkontinuierlichem Ausgang ausgegeben werden. Als Zuordnungsvorschrift nehmen wir eine Codierung nach Gray an, bei welcher sich benachbarte Symbole jeweils nur in einem Bit unterscheiden. Die Erzeugung der Amplitudenwerte erfolgt im Falle der binären Superpositionsmodulation indem – abhängig von der gewünschten Sendeintensität – eine gewisse Anzahl von Leuchtdioden angeschaltet werden. Zur Vereinfachung nehmen wir an, dass $L$ LEDs zur Verfügung stehen, um $L+1$ mögliche Intensitäten $x = \{0, \ldots, L\}$ zu erzeugen. Zur Kenntlichmachung der Erzeugung der Sendeamplituden durch die Superposition bezeichnen wir dieses Verfahren nach [FH18] als $L$-stufige Amplituden-Superpositionsmodulation (superposition amplitude modulation, SAM). Die Modulationsrate ergibt sich über die Anzahl der darstellbaren Intensitäten zu

$$R_{\mathrm{SAM}} = \log_2\left(L+1\right)\,{}^{\mathrm{Bit}}\!/_{\mathrm{Symbol}}. \tag{3.7}$$

Für den Pulsformungsgewinn gilt:

$$\kappa_{\mathrm{SAM}} = \frac{\frac{1}{L+1}\sum_{l=0}^{L} l^2}{\left(\frac{1}{L+1}\sum_{l=0}^{L} l\right)^2} = \frac{4L+2}{3L}. \tag{3.8}$$

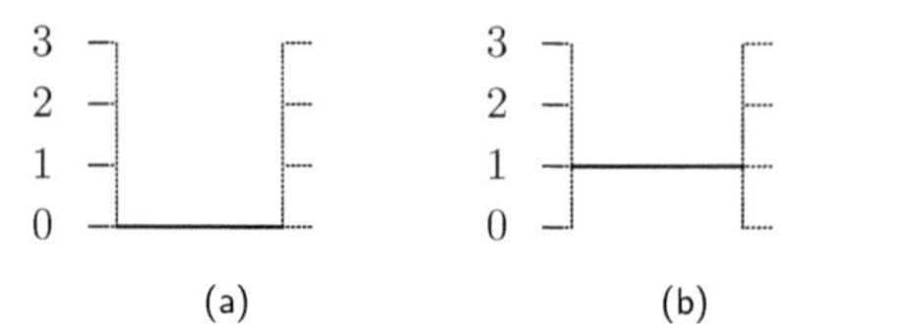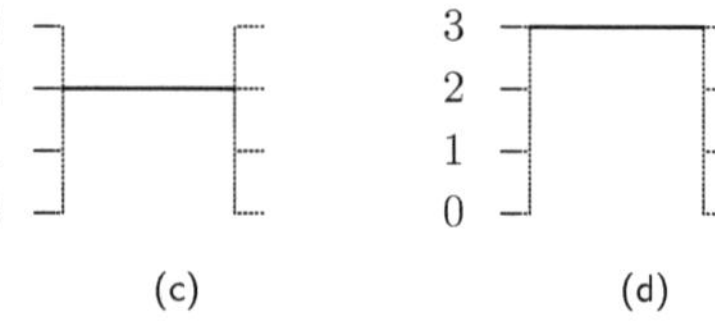

Abbildung 3.5: Zulässige Symbole für 4-SAM

Zur Nachbildung der PAM-Symbole durch SAM, gezeigt in Abbildung 3.5 anhand von 4-SAM, entspricht die Symbolamplitude der Anzahl gleichzeitig eingeschalteter LEDs. Wenn die Schaltmuster nach Algorithmus 1 ausgewählt werden, ergibt sich die Anzahl der bei einem Symbolwechsel notwendigen Umschaltvorgänge aus der Amplitudendifferenz $|x_n - x_{n-1}|$. Mit der Annahme gleicher Auftrittswahrscheinlichkeit der Symbole, und unter Zuhilfenahme von (A.9) folgt für die Anzahl der Umschaltvorgänge:

$$
\begin{aligned}
S_{\mathrm{SAM}} &= \frac{1}{(L+1)^2} \sum_{x_n=0}^{L} \sum_{x_{n-1}=0}^{L} |x_n - x_{n-1}| \; {}^{\mathrm{Umschaltvorgänge}}\!/\!{}_{\mathrm{Symbol}} \\
&= \frac{L(L+2)}{3(L+1)} \; {}^{\mathrm{Umschaltvorgänge}}\!/\!{}_{\mathrm{Symbol}} \\
&= \frac{L(L+2)}{3(L+1)\log_2(L+1)} \; {}^{\mathrm{Umschaltvorgänge}}\!/\!{}_{\mathrm{Bit}}.
\end{aligned}
\tag{3.9}
$$

Die Identifikation der Schaltmuster kann nach Algorithmus 1 vorgenommen werden. Dieses Verfahren begrenzt einerseits die Anzahl der Umschaltvorgänge auf ein Minimum, da die Anzahl der Umschaltvorgänge genau der Differenz der Ausgangsamplituden entspricht. Andererseits stellt der Algorithmus unter der Annahme einer zufällig verteilten Eingangssequenz sicher, dass jede der Lichtquellen im Mittel die Hälfte der Zeit eingeschaltet wird. Dies ist u. a. wünschenswert, um ein gleichmäßiges thermisches Aufheizen der Lichtquellen zu erreichen und keine unterschiedlich schnelle Alterung der Komponenten zu begünstigen.

**Pulsphasenmodulation**

Wie der Name andeutet, wird die Information bei der Pulsphasenmodulation mit $M$ Symbolen (pulse-position modulation, PPM) in die Position des An-Pulses codiert. Hierzu wird das Modulationssymbol in $M$ Abschnitte unterteilt, wobei je nach Sendefolge genau ein Abschnitt ungleich null ist. Die zulässigen Symbole werden in Abbildung 3.6 beispielhaft für 4-PPM gezeigt.

---

**Algorithmus 1 :** Methode zur Identifikation der SAM Schaltmuster unter Berücksichtigung einer gleichmäßigen LED-Auslastung und gleichzeitiger Minimierung der Umschalthäufigkeit

---

```
S = [s_0,...,s_{N-1}]  /* L x N Matrix mit zeitl. Abfolge der Schaltmuster */
s* = [0,...,0]     /* Vektor der L Schaltzustände des aktuellen Symbols */
for n = 0 to N - 1 do
    if n = 0 then
        r = 0                  /* Index an der ersten Stelle der Einzustände */
        for i = r to r + x_n - 1 do
        |  s*_i = 1
        end
    else
        Δ = x_n - x_{n-1}      /* Amplitudenunterschied zum letzten Symbol */
        if Δ > 0 then
            for i = (r + x_{n-1}) mod L to (r + x_n - 1) mod L do
            |  s*_i = 1         /* Anschalten zusätzlicher Lichtquellen */
            end
        else if Δ < 0 then
            for i = r mod L to (r + Δ - 1) mod L do
            |  s*_i = 0         /* Abschalten überzähliger Lichtquellen */
            |  r = r + Δ
            end
        end
    end
    s_n = s*
end
```

---

Vorteilhaft an diesem Modulationsverfahren ist, dass die zur Verfügung stehende Sendeenergie in einem Symbolabschnitt gebündelt wird und deshalb der Pulsformungsgewinn

$$\kappa_{\mathrm{PPM}} = M \tag{3.10}$$

mit $M$ zunimmt. Wir bezeichnen die Länge eines Abschnittes als Taktdauer $T_\mathrm{t}$ und folglich beträgt die PPM Symboldauer

$$T_s = M \cdot T_\mathrm{t}. \tag{3.11}$$

Die Modulationsrate von PPM beträgt:

$$R_{\mathrm{PPM}} = \frac{\log_2 M}{M} \, {}^{\mathrm{Bit}}/_{\mathrm{Takt}} = \log_2 M \, {}^{\mathrm{Bit}}/_{\mathrm{Symbol}}. \tag{3.12}$$

Im Falle von PPM sind im Allgemeinen zwei Umschaltvorgänge notwendig, um $\log_2 M$ Bits zu signalisieren. Allerdings muss der Sonderfall berücksichtigt werden, dass ein Symbol, welches im ersten Taktabschnitt den An-Zustand aufweist, auf ein Symbol folgen kann, welches im

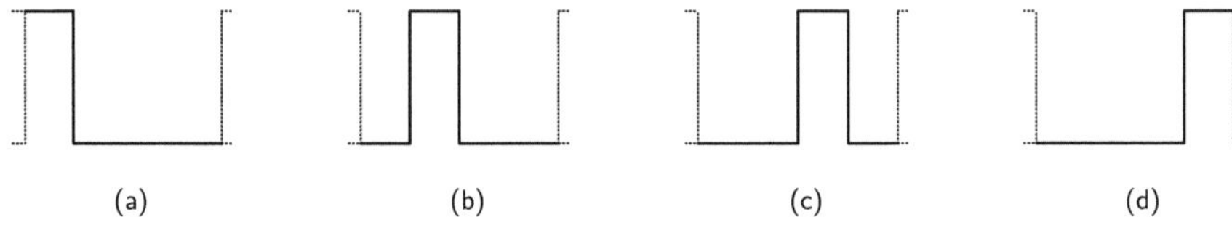

(a)        (b)        (c)        (d)

Abbildung 3.6: Zulässige PPM Signalfolgen am Beispiel von 4-PPM

letzten Taktabschnitt ebenfalls eins war. Für das 4-PPM-Beispiel in Abbildung 3.6 ist dies der Fall, wenn Symbol (a) auf Symbol (d) folgt. Für diese beiden aufeinander folgenden PPM Symbole ist entsprechend jeweils nur ein Umschaltvorgang pro Symbol anstelle der regulär zwei Umschaltvorgänge notwendig. Und so ergibt sich für die Anzahl der pro Bit notwendigen Umschaltvorgänge:

$$
\begin{aligned}
S_{\text{PPM}} &= L \left( \underbrace{\left(1 - \frac{2}{M^2}\right) 2}_{\text{Normalfall}} + \underbrace{\frac{2}{M^2}}_{\text{Sonderfall}} \right) \text{Umschaltvorgänge}/\text{Symbol} \\
&= \frac{2L\left(M^2 - 1\right)}{M^2} \text{Umschaltvorgänge}/\text{Symbol} \\
&= \frac{2L\left(M^2 - 1\right)}{M^2 \log_2 M} \text{Umschaltvorgänge}/\text{Bit}
\end{aligned}
\tag{3.13}
$$

## 3.1.2 Zyklisch verschobene Superpositionsmodulation

Die Superpositionsmodulation mit zyklischen Verschiebungen (cyclically delayed superposition intensity modulation, CDSIM) nimmt in dieser Veröffentlichung eine Sonderstellung ein, denn es handelt sich gewissermaßen um einen gedanklichen Vorläufer der Superpositionsmodulation mit Einschränkungen (constrained superposition intensity modulation, CSIM), welche den Kern dieser Arbeit bildet. Die Relevanz von CDSIM ergibt sich aus der Besonderheit, dass die binären Modulationssequenzen der einzelnen Lichtquellen unabhängig voneinander codiert werden können und nur einer zeitlichen Synchronisation bedürfen. Entsprechend kann CDSIM in der Mehrbenutzerkommunikation eingesetzt werden, z. B. indem mehrere Quellen mit einer gemeinsamen Gegenstelle kommunizieren, welche durch ein Synchronisationssignal auf einem Rückkanal die zeitlich korrekte Abfolge sicherstellt. Ein weiterer Unterschied zu CSIM ist, dass die in Kapitel 3 getroffene Annahme identischer Kanalkoeffizienten aller Quellen nicht aufrechterhalten werden muss. Dies ist insbesondere in Hinblick auf das beschriebene Mehrbenutzerszenario wichtig. Neben der Darstellung in dieser Arbeit sei auf die Publikation [FH17] verwiesen.

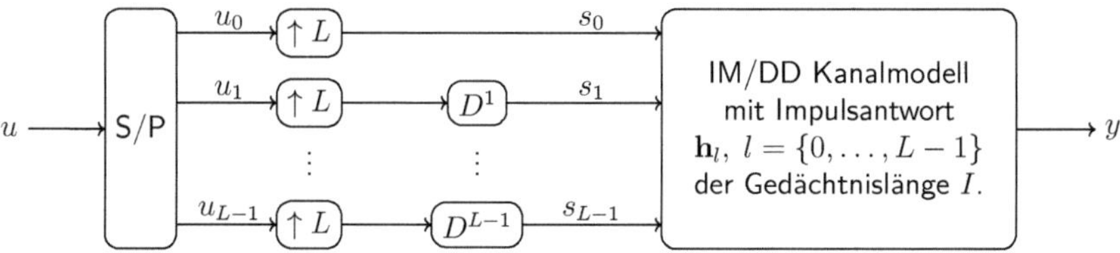


Abbildung 3.7: Mögliche Realisierung eines CDSIM Modulators

Die Grundlage von CDSIM ist es, ein derart strukturiertes Empfangssignal zu erzeugen, dass eine trellisbasierte Decodierung mit niedriger Komplexität am Empfänger möglich ist. Zu diesem Zweck werden die Schaltsequenzen der einzelnen Lichtquellen mit einem Wiederholungscode (repetition code, RC) erzeugt, und das entstandene $L$-fach überabgetastete Signal wird für jede der Lichtquellen um eine eindeutige Taktzahl zeitlich verzögert. Diese Codierung kann als Sequenzbeschränkung interpretiert werden, welche eine Verweilzeit in einem Zustand für $L$ Takte oder einem Vielfachen davon erzwingt. Die Modulation kann dementsprechend mittels der in Abbildung 3.7 gezeigten Struktur erfolgen. Die Schaltsequenzen ergeben sich aus der Quellensequenz $\mathbf{u}$ der Länge $K$ zu

$$\begin{bmatrix} \mathbf{s}_0 \\ \vdots \\ \mathbf{s}_l \end{bmatrix} = \begin{bmatrix} u_0 & \cdots & u_0 & 0 & u_{K-L} & \cdots & u_{K-L} & 0 \\ & \ddots & & \ddots & \cdots & & \ddots & \ddots \\ 0 & u_{L-1} & \cdots & u_{L-1} & 0 & u_{K-1} & \cdots & u_{K-1} \end{bmatrix}. \tag{3.14}$$

Wenn wir weiter von einem linearen zeitinvarianten System (linear time-invariants, LTI) mit den Impulsantworten

$$\mathbf{h}_l = \begin{bmatrix} h_{l,0}, \dots, h_{l,I-1} \end{bmatrix}, \qquad l = 0,\dots,L-1 \tag{3.15}$$

der Gedächtnislänge $I$ ausgehen, kann die Empfangssequenz wie folgt angegeben werden:

$$y_n = \sum_{k=0}^{K-1} u_k h_{k \bmod L, \lfloor \frac{n-k}{L} \rfloor}, \quad n = 0,\dots,K+IL-1,\ IL > n-k \geq 0. \tag{3.16}$$

Dies ermöglicht die Darstellung von CDSIM in Form eines $L$-periodischen Trellis, wie es beispielhaft in Abbildung 3.8 gezeigt wird.

Nachfolgend vernachlässigen wir den Einfluss des Ausschwingvorgangs am Ende der Sequenz. Da mit jedem Takt ein neues Quellbit in das modulierte Signal einfließt und $L$ Takte im Sinne einer senderseitigen Ratennormierung ein Symbol bilden, kann die Modulationsrate mit

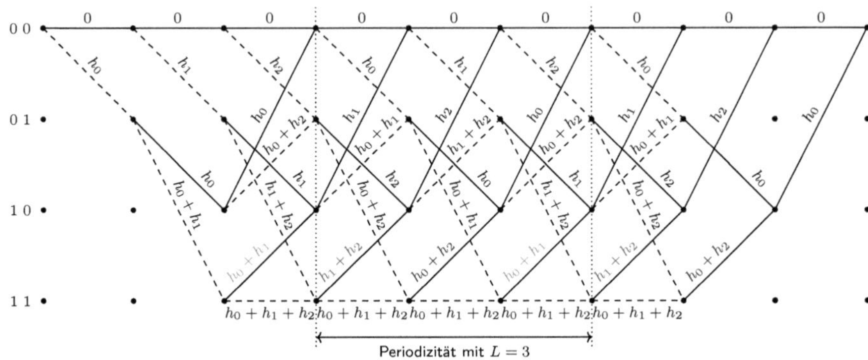


Abbildung 3.8: $L$-periodisches Trellis mit $L = 3$, $I = 1$ and $K = 6$. Zur Verdeutlichung der Periodizität wurde die Abfolge der Kanalkoeffizienten beispielhaft für den Zustandsübergang $11 \rightarrow 10$ farblich hervorgehoben.

$$R_{\text{CDSIM}} = L \, {}^{\text{Bit}}\!/_{\text{Symbol}} \tag{3.17}$$

angegeben werden. Entsprechend erfolgt mit Wahrscheinlichkeit $1/2$ in jedem Taktschritt ein Umschaltvorgang und wir können die Umschalthäufigkeit zu

$$S_{\text{CDSIM}} = L/2 \, {}^{\text{Umschaltvorgänge}}\!/_{\text{Symbol}} = 1/2 \, {}^{\text{Umschaltvorgänge}}\!/_{\text{Bit}} \tag{3.18}$$

bestimmen. Für den Pulsformungsgewinn gilt

$$\kappa_{\text{CDSIM}} = \kappa_{\text{SAM}}, \tag{3.19}$$

da CDSIM genau wie SAM gleichverteilte Amplituden im Wertebereich $0, \ldots, L$ aufweist.

Zur Bestimmung der wechselseitigen Information nach dem in Abschnitt A.1.2 beschriebenen Verfahren wird eine Graphenbeschreibung des CDSIM-Modulationsverfahrens eingeführt. Diese umfasst $2^L$ mögliche Schaltkombinationen, wobei jede dieser Kombinationen das Umschalten von einer aus $L$ Lichtquellen erlaubt. Die Übergangsmatrix weist entsprechend $L \cdot 2^L$ Zustände mit je zwei Nachfolgern auf. Die Indizes der Folgeknoten ergeben sich für den Fall, dass die zugehörige Lichtquelle umgeschaltet wird zu

$$j_1^* = \left( 2^{\xi+1} + 1 - \left\lfloor \frac{i \bmod 2^{L-\xi}}{2^{L-1-\xi}} \right\rfloor + 2 \left\lfloor \frac{\xi}{2^{L-\xi}} \right\rfloor \right) \cdot 2^{L-1-\xi} + i \bmod 2^{L-1-\xi} + 2^L \xi, \tag{3.20}$$

wobei

$$\xi = \left\lfloor \frac{i}{2^L} \right\rfloor \tag{3.21}$$

und falls kein Umschaltvorgang stattfindet zu

$$j_2^* = i + 2^L. \tag{3.22}$$

Entsprechend sind alle Einträge $d_{i,j}$ der Übergangsmatrix mit

$$j = j^* \bmod \left( L \cdot 2^L \right), \qquad i = 0, \ldots, L \cdot 2^L - 1, \, j^* = \{j_1^*, j_2^*\} \tag{3.23}$$

zu eins zu setzen. Die Knoten- und Übergangswahrscheinlichkeiten ergeben sich aus der regulären Struktur des Modulationsverfahrens zu

$$\pi_i = \frac{1}{L \cdot 2^L}, \qquad i = 0, \ldots, L \cdot 2^L - 1 \tag{3.24}$$

und

$$q_{i,j} = \frac{1}{2}. \tag{3.25}$$

Der resultierende Graph ist exemplarisch für 3-CDSIM in Abbildung 3.9 dargestellt.

## 3.1.3 Auswertung

### Anzahl der Umschaltvorgänge

Die benötigte Anzahl an Umschaltvorgängen für die verschiedenen Modulationsverfahren wird in Abbildung 3.10 aufgezeigt. Eine wertmäßige Ähnlichkeit von 16-PPM mit OOK besteht, da sich für 16-PPM mit $4\,\mathrm{Bit/Symbol}$, bei zwei Umschaltvorgängen pro Bit, $0{,}5\,\mathrm{Umschaltvorgänge/Symbol}$ ergeben. Der Einfluss des Sonderfalls aufeinander folgender Anzustände kann für $M = 16$ bereits vernachlässigt werden. Darüber hinaus zeigen die Ergebnisse, dass die Superpositionsverfahren SAM und CDSIM im Sinne einer Reduzierung des sendeseitigen Energieaufwands gegenüber den klassischen Verfahren OOK und PPM zu bevorzugen sind.

### Pulsformungsgewinn

In Abbildung 3.11 sind die Pulsformungsgewinne der verschiedenen Verfahren dargestellt. Die Ergebnisse bestätigen, dass PPM als auf den optischen Kanal optimiertes Übertragungsverfahren einen mit $M$ zunehmenden Pulsformungsgewinn aufweist, während die anderen Verfahren mit stets $\kappa \leq 2$ dieses Verhalten nicht zeigen. Bemerkenswert ist, dass die Abnahme des Pulsformungsgewinns der Verfahren SAM und CDSIM mit zunehmender Stufigkeit, d. h. mit

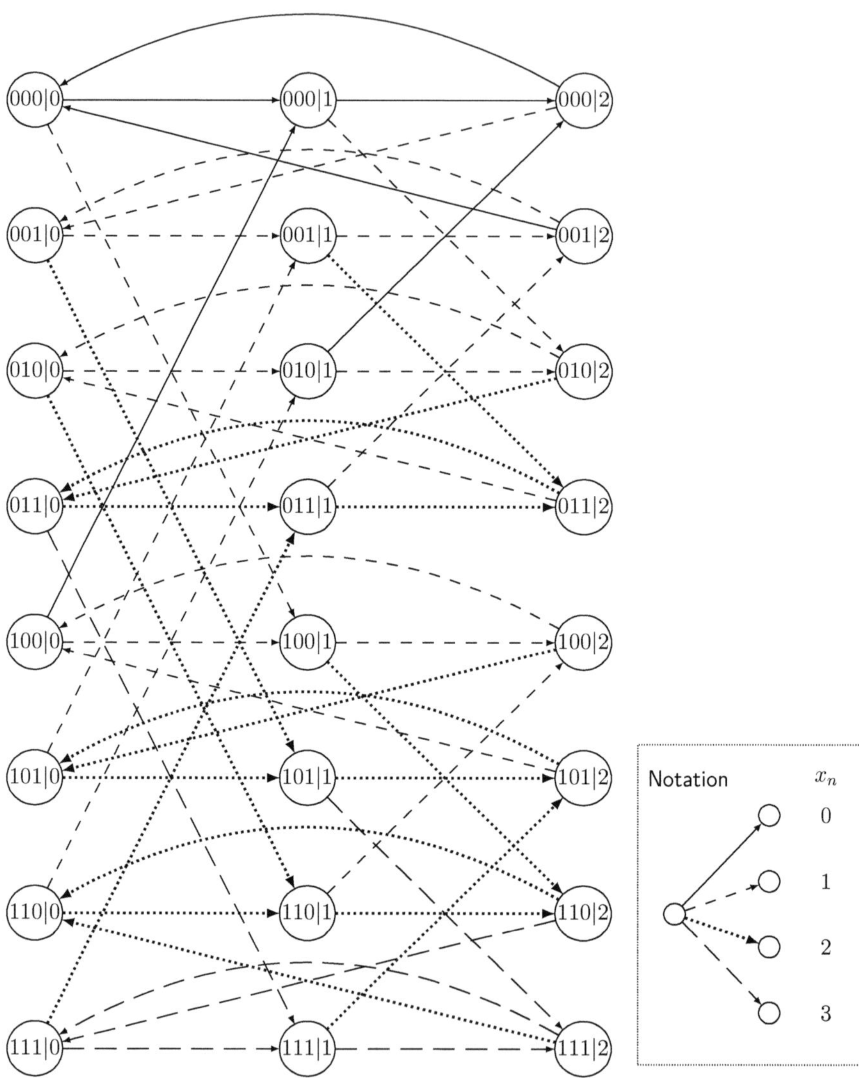


Abbildung 3.9: 3-CDSIM Graph. Die ersten drei Stellen der Knotennotation stehen für die Schaltzustände der drei Lichtquellen. Das Suffix spezifiziert den Index der Lichtquelle, welche als nächstes geschaltet werden kann.

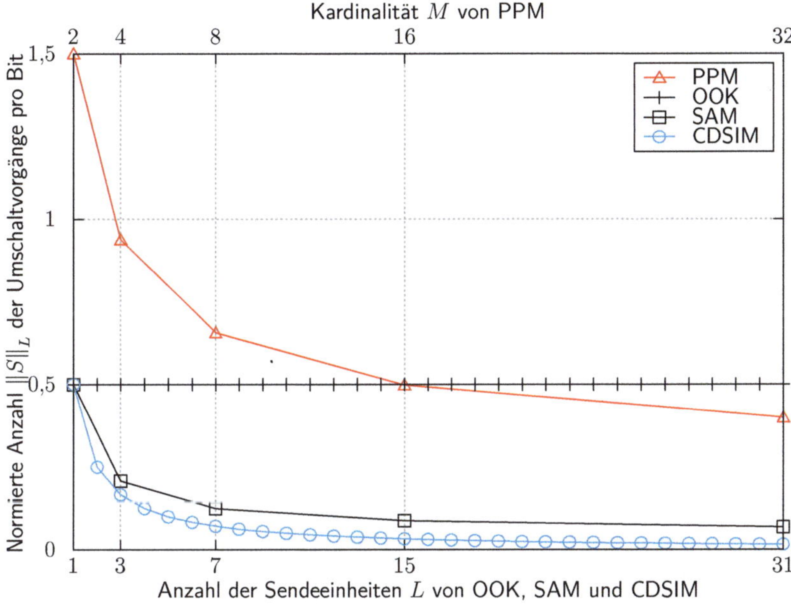

Abbildung 3.10: Über die Anzahl der LEDs normierte Anzahl der Umschaltvorgänge pro Quellbit

steigender Datenrate, abflacht. Andererseits sind die hohen Pulsformungsgewinne von PPM nur unter einer Ratendegradation realisierbar. Entsprechend motiviert sich die Entwicklung mehrstufiger PPM-Konstellationen, vgl. z. B. [KA11].

**Modulationsraten und wechselseitige Information**

Wir gehen nun von einer durch die Schaltgeschwindigkeit der Sendehardware beschränkten Modulationsrate aus. Zum Zweck der Vergleichbarkeit sprechen wir im Folgenden von einer normierten Modulationsrate, welche mit (3.58) gegeben ist. Im Falle der zuvor eingeführten Modulationsformate bedeutet diese Normierung, dass sich die Modulationsrate auf die Dauer eines OOK oder SAM Symbols, die Taktdauer eines PPM Symbols oder auf $L$ CDSIM Takte bezieht. Die erreichbare Modulationsrate steht im Abtausch mit der Störanfälligkeit, d. h. der wechselseitigen Information, des jeweiligen durch das Modulationsverfahren definierten Übertragungskanals.

Im Sinne der Leistungseffizienz ist PPM mit $M \geq 4$ nach Abbildung 3.12 den anderen Verfahren überlegen. Dieses Ergebnis steht in Übereinstimmungen mit dem Pulsformungsgewinn von PPM. Die entsprechende Ratenabnahme ist aus Abbildung 3.13 ersichtlich und nimmt mit $M$ zu, so dass der Nutzbarkeit des Verfahrens entsprechende Grenzen gesetzt sind. Gewissermaßen

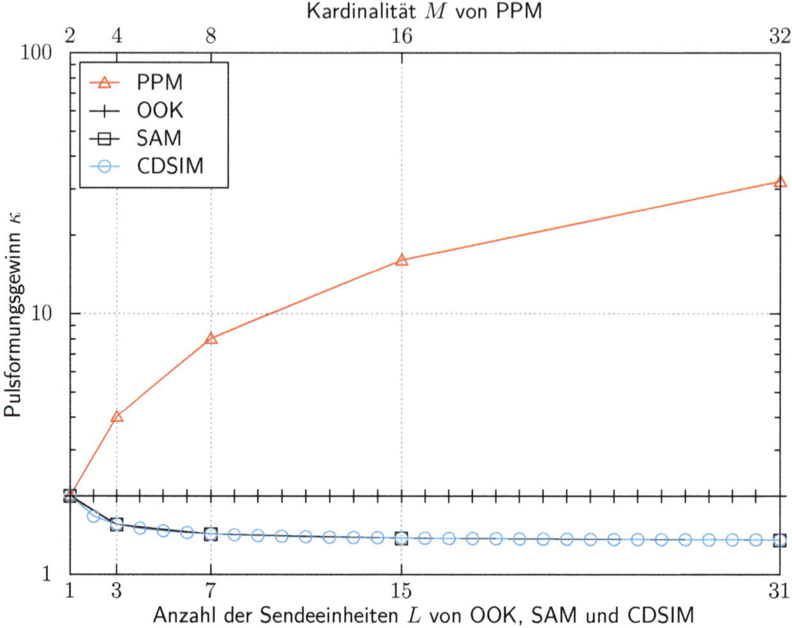


Abbildung 3.11: Pulsformungsgewinn der klassichen Verfahren im Vergleich

das Gegenstück bilden die Superpositionsverfahren CDSIM und SAM, welche mit zunehmender Anzahl der zu Verfügung stehenden Lichtquellen die Modulationsrate durch Steigerung der Kardinalität des Modulationsalphabetes erhöhen. Mit dem zusätzlichen Freiheitsgrad des zeitlichen Versatzes der einzelnen Lichtquellen fällt dieser Gewinn für CDSIM besonders hoch aus. Die Ergebnisse zur wechselseitigen Information nach Abbildung 3.12 spiegeln dieses Ergebnis wider. Die Darstellung der wechselseitigen Information in Abhängigkeit von der Energie pro Bit verdeutlicht die Überlegenheit des höherstufigen SAM-Modulationsverfahrens gegenüber etwa OOK und motiviert die Entwicklung neuartiger Superpositionsverfahren. Da bei CDSIM jedes Symbol nur ein Bit Information trägt, ergibt sich kein dem SAM-Verfahren entsprechender Leistungsgewinn. Jedoch verbleibt der Vorteil einer senderseitigen Erhöhung der normierten Modulationsrate und eine mögliche Energieeinsparung durch die reduzierten Schaltverluste.

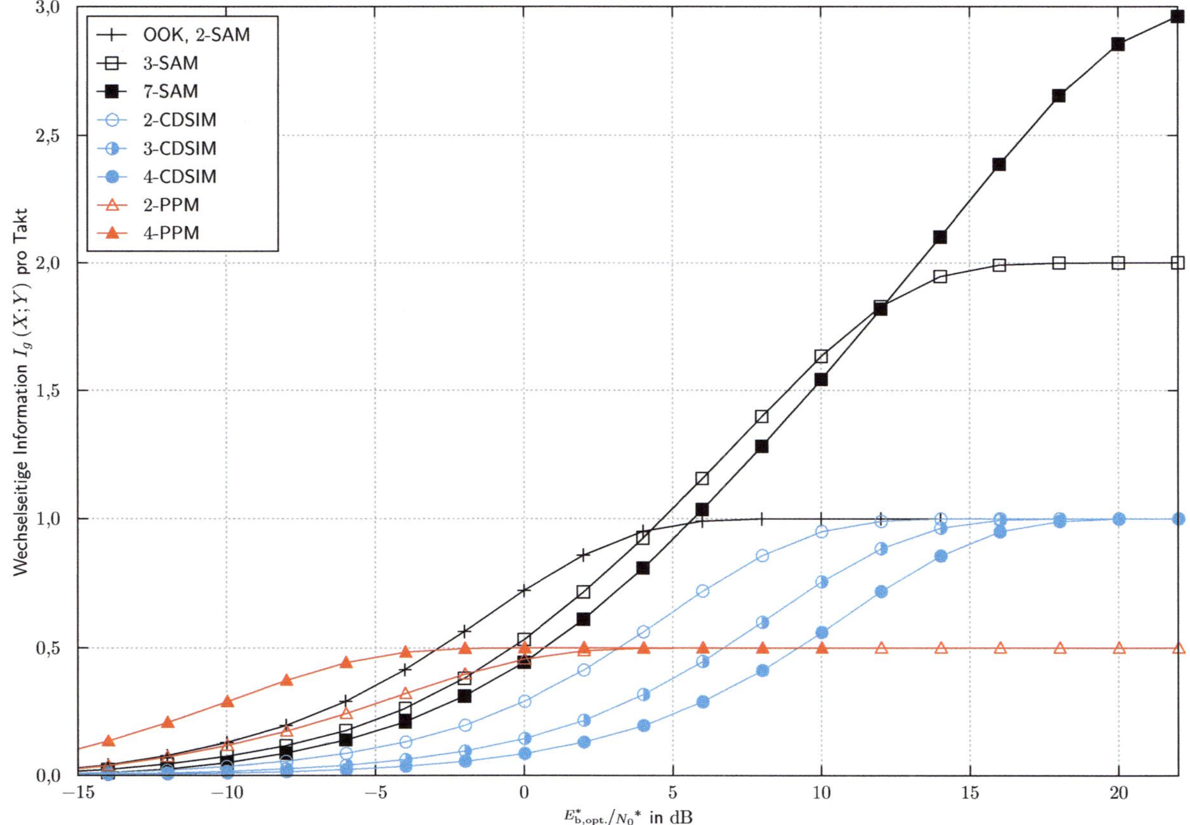


Abbildung 3.12: Wechselseitige Information der klassischen Verfahren

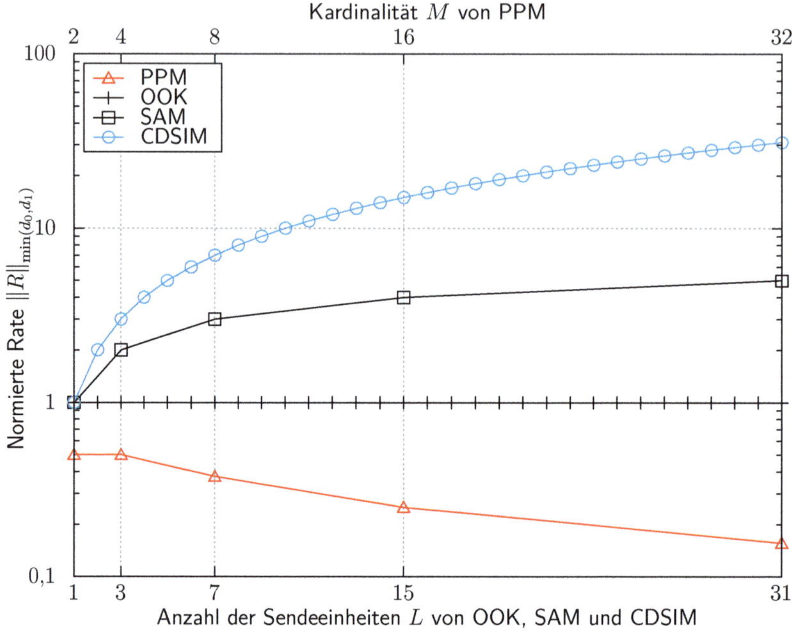

Abbildung 3.13: Modulationsraten der klassischen Verfahren im Vergleich

## 3.2 Beschränkung der Umschalthäufigkeit einer einzelnen Modulationssequenz

Aus Abschnitt 1.1.3 ist bekannt, dass jeder Umschaltvorgang innerhalb einer Modulationssequenz einen Energieaufwand aufgrund der umzuladenden Kapazitäten in der Sendeeinheit zur Folge hat, welche im Wesentlichen aus der Sperrschichtkapazität der Leuchtdiode sowie den Gate-Kapazitäten der FETs des Treiberbausteins besteht. Auch die Schalthäufigkeit ist durch diese parasitären Effekte entsprechend limitiert. Wir versuchen deshalb im Folgenden, durch Anpassung der Sequenzabfolge an die Limitierungen der Hardware diesen zwei Herausforderungen zu begegnen. Hierzu greifen wir auf Konzepte aus der Leitungscodierung zurück. Die Sequenzen werden hier typischerweise eingeschränkt, um eine Optimierung bezüglich eines vorgegebenen Übertragungskanals zu erreichen. So kann z. B. durch die Manchestercodierung ein im Mittel gleichanteilsfreies Signal erzeugt werden, welches aufgrund dieser Eigenschaft wie z. B. im 10-MBit Ethernet-Standard „IEEE 802.3" mittels Übertrager potentialfrei übertragen werden kann. Besonders aufwendige Codierverfahren werden im Bereich der Speichermedien eingesetzt.

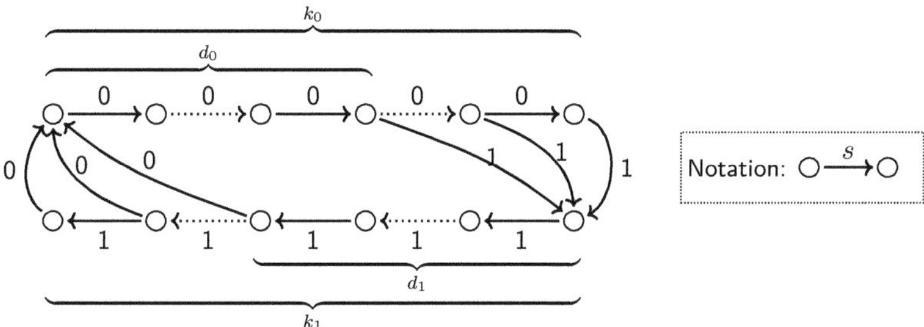

Abbildung 3.14: Beschreibung einer $(d_0, d_1, k_0, k_1)$ beschränkten Sequenz mittels eines Zustandsgraphen

So finden bei Festplatten nicht nur die Eigenschaften des magnetischen Mediums sowie der Lese- und Schreibköpfe Berücksichtigung, sondern es werden z. B. auch zweidimensionale Codes eingesetzt, um den Einflüssen benachbarter Spuren, der sogenannten Intertrackinterferenz (intertrack interference, ITI) zu begegnen [IK04, p. 90]. Im Folgenden werden die Schaltsequenzen $s_l$, welche zur Ansteuerung der Lichtquellen dienen, mit Einschränkungen versehen, welche ähnlich der sogenannten $(d, k)$-Sequenzen ausgestaltet sind. Bei diesen häufig genutzten Leitungscodes, wie z. B. dem EFM-Leitungscode (eight-to-fourteen modulation, EFM) welcher 8 Quellbits auf 14 Codebits abbildet und u. a. bei der compact disc (CD) Anwendung findet, wird die Anzahl der aufeinander folgenden Nullen auf mindestens $d$ und höchstens $k$ beschränkt. Entsprechend gilt $k \geq d > 0$.

## 3.2.1 Erweiterung um asymmetrische Beschränkungen

Wir erweitern diesen Code nun, indem wir An- und Aus-Zustände unterschiedlich berücksichtigen. Die Anzahl der mindestens und höchstens aufeinander folgenden Nullen bezeichnen wir mit $d_0$ bzw. $k_0$ und führen analog für die Mindest- und Höchstzahl der aufeinander folgenden Einsen $d_1$ und $k_1$ ein. Die auf diese Weise gebildeten $(d_0, d_1, k_0, k_1)$-Sequenzen kontrollieren also sowohl die Anzahl der aufeinander folgenden Null- als auch Eins-Zustände. Der dieser Sequenzbeschreibung entsprechende Graph wird in Abbildung 3.14 gezeigt. In Abbildung 3.15 ist zur Verdeutlichung die Abfolge einer Sendesequenz beispielhaft dargestellt. Die in dieser Ausarbeitung gewählte Notation für die Sequenzbeschränkungen unterscheidet sich von den originären Veröffentlichungen [FH18; FWH18], da dem Autor erst zu einem späteren Zeitpunkt die Veröffentlichungen [MF95; Men91] zu asymmetrischen Sequenzbeschränkungen bekannt wurden.

Der Sonderfall $(d_0, d_1, \infty, \infty) = (d_0, d_1)$, d. h. dass nur die Mindestaufenthaltsdauern berücksichtigt werden, ist in Abbildung 3.16 dargestellt. Vorteilhaft ist, dass die Komplexität des

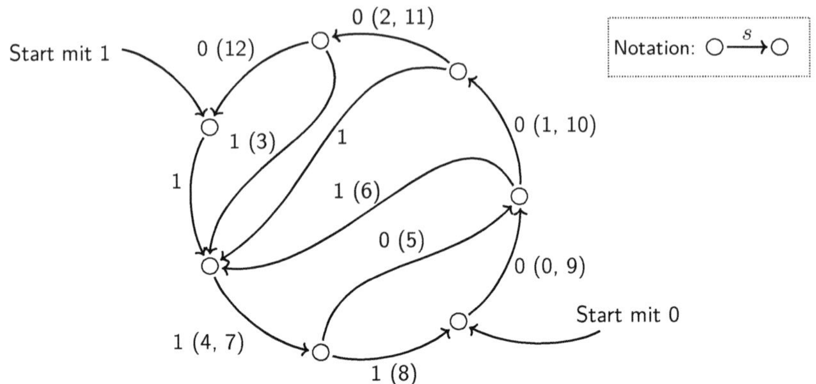



Abbildung 3.15: Darstellung des Graphen einer $(1, 2, 4, 3)$-Sequenz. Zur Verdeutlichung ist die Abfolge der Beispielsequenz $\mathbf{s} = [0, 0, 0, 1, 1, 0, 1, 1, 1, 0, 0, 0, 0]$ in runden Klammern an den Kanten des Graphen angetragen.

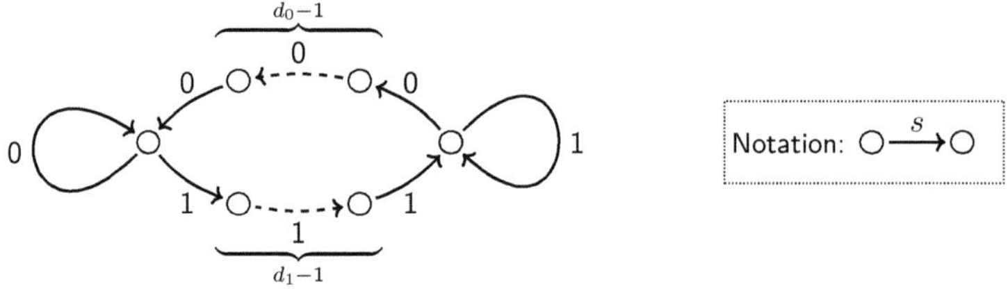



Abbildung 3.16: Graph des Sonderfalls $(d_0, d_1, \infty, \infty) = (d_0, d_1)$

Graphen deutlich reduziert werden kann und dennoch die Möglichkeit zur Anpassung der Sequenz an das Schaltverhalten der Sendeeinheit erhalten bleibt. Auch können, wie in Abschnitt 3.2.2 ausgeführt, die Übergangs- und Knotenwahrscheinlichkeiten für diesen Fall in Abhängigkeit von $\lambda_{\mathrm{max}}$ angegeben werden.

Nachfolgend wird dargestellt, weshalb die zunächst willkürlich erscheinende Beschränkung der LED-Ansteuerung gewählt wurde und warum insbesondere die Beschreibung um die Unterscheidung von An- und Aus-Zuständen erweitert wurde. Mit Blick auf den Energieverbrauch für die Ansteuerung ist die Modulation mittels $(d_0, d_1, k_0, k_1)$-Sequenzen vorteilhaft, da die Umschalthäufigkeit der Lichtquellen etwa im Vergleich zu OOK reduziert werden kann. In Abbildung 3.17 ist zum Nachweis dieser Behauptung die im Mittel notwendige Anzahl an Umschaltvorgängen pro Bit für verschiedene $d_0$, $d_1$ Kombinationen aufgetragen. Als weiteres Beispiel für die Reduktion der Umschalthäufigkeit sei auf PPM als einen Spezialfall einer Sequenzbeschränkung verwiesen.

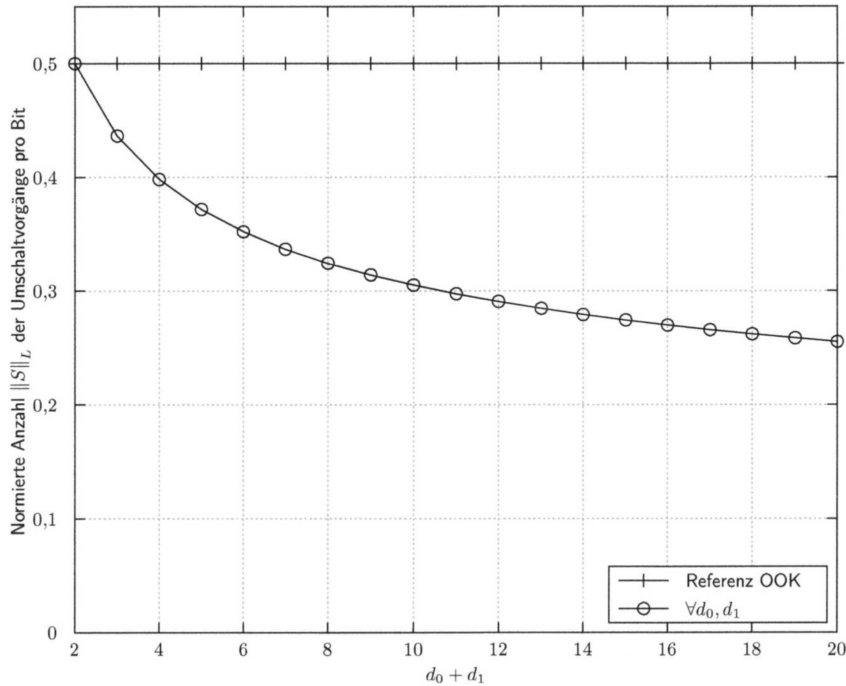



Abbildung 3.17: Umschalthäufigkeit von $(d_0, d_1)$-Sequenzen

Denn mit zunehmendem $M$ steigt die Modulationsrate nach (3.12) logarithmisch an, ohne dass zusätzliche Umschaltvorgänge notwendig werden.

Ein weiterer Aspekt ist die Anpassung der Modulationssequenz an die Sendehardware. Wie in Abbildung 3.18 gezeigt, ist die mittlere Sendeleistung achsensymmetrisch zu den Sequenzparametern $d_0 = d_1$. Mit $d_0 > d_1$ kann die Sendeleistung auf einen Mittelwert kleiner $1/2$ reduziert und mit der Wahl $d_1 > d_0$ entsprechend erhöht werden.

Während die Werte in Abbildung 3.18 das statistisches Mittel zeigen, kann unter Nutzung der zusätzlichen Sequenzparameter $k_0$ und $k_1$ eine obere bzw. untere Schranke für die mittlere Leistung unabhängig von der konkreten Sendesequenz erzwungen werden. Zum Beispiel ergibt sich für $k_1 = 2$ und $d_0 = 8$ ein Verhältnis von An- zu Aus-Zustand von $\leq k_1/(k_1+d_0) = 20\,\%$, denn auf zwei Takte im An-Zustand müssen mindestens acht Takte im Aus-Zustand folgen. Analog ergibt sich eine untere Schranke mit $\geq k_0/(k_0+d_1)$. Diese Schranken können etwa zum Einhalten von thermischen Limits in der Sendehardware oder im Bereich der Augensicherheit genutzt werden.

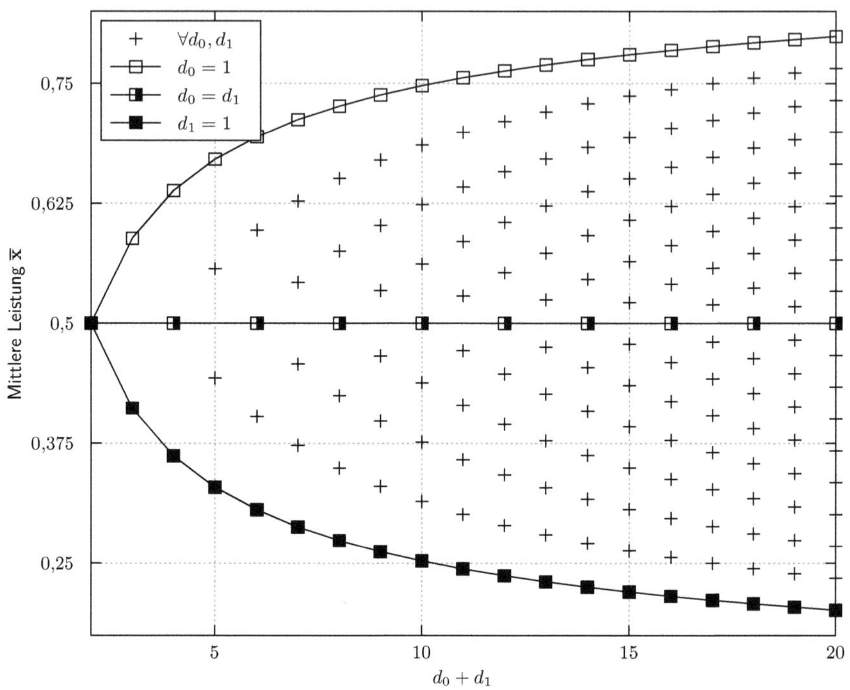

Abbildung 3.18: Mittlere Leistung einer $(d_0, d_1, \infty, \infty)$-Sequenz

Die eingeführte Unterscheidung von An- und Aus-Zuständen erlaubt außerdem die Anpassung der Schaltsequenz an die Umschaltdauer der Lichtquelle mit der zugehörigen Treiberschaltung. Als Beispiel seien die Messergebnisse zu einer Luxeon-LED aus Abbildung 1.5b mit einer Anschaltdauer von $25\,\mathrm{ns}$ und einer Ausschaltdauer von $8\,\mathrm{ns}$ angeführt. Das Erreichen der jeweiligen Endzustände könnte in diesem Beispiel mit $d_0 = 3 \cdot d_1$ und der Wahl eines hinreichend hohen Basistaktes sichergestellt werden. Allerdings haben Mindestverweildauern im Bereich der Umschaltgeschwindigkeit eine starke Abhängigkeit der Empfangsleistung von der tatsächlichen Verweildauer zur Folge, denn die niedrigere optische Ausgangsleistung während der Umschaltvorgänge tritt stärker aus den Ergebnissen hervor und macht u. U. eine algorithmische Kompensation notwendig.

Abschließend wollen wir noch auf den Einfluss der Sequenzparameter auf den Pulsformungsgewinn nach Abbildung 3.19 eingehen. Mit $d_0 = d_1$ entspricht dieser dem Pulsformungsgewinn von OOK, da sich im Mittel zwei gleichwahrscheinliche Intensitäten ergeben. Für $d_0 > d_1$ nimmt die

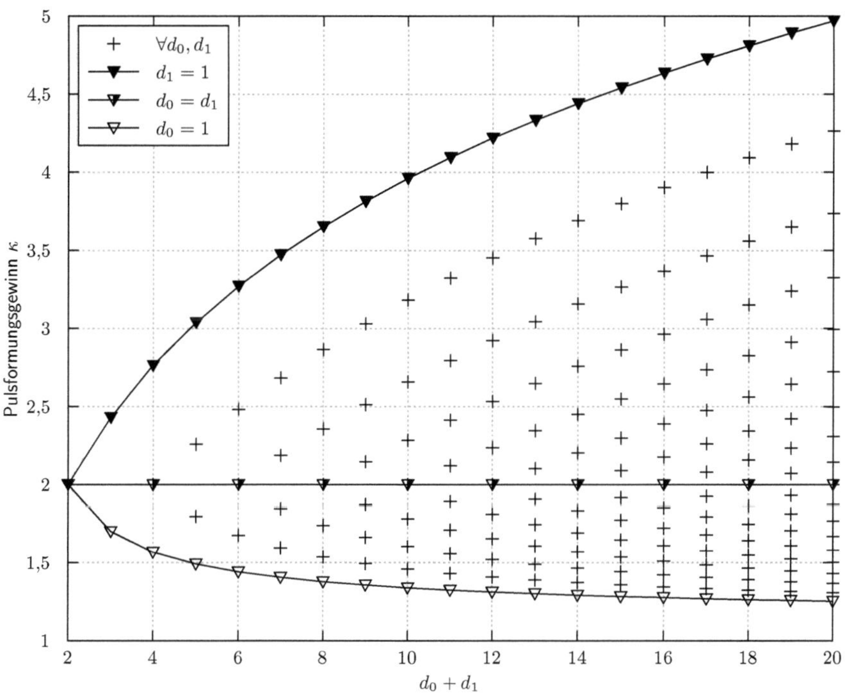


Abbildung 3.19: Pulsformungsgewinn von $(d_0, d_1)$-Sequenzen

Sequenz mit zunehmender Wahrscheinlichkeit den Aus-Zustand an und mit $d_1 = 1$ und $d_0 \to \infty$ ist der Pulsformungsgewinn maximal.


## 3.2.2 Bestimmung der mittleren Leistung

Für den Sonderfall $(d_0, d_1)$ können die Übergangswahrscheinlichkeiten $q_{i,j}$, wie in Abbildung 3.20 ausgeführt, in Abhängigkeit von $\lambda_{\mathrm{max}}$ angegeben werden. Für die Zustandswahrscheinlichkeiten $\pi_j$ eine stationären Markov-Kette gilt allgemein

$$\pi_j = \sum_i \pi_i q_{i,j} \tag{3.26}$$

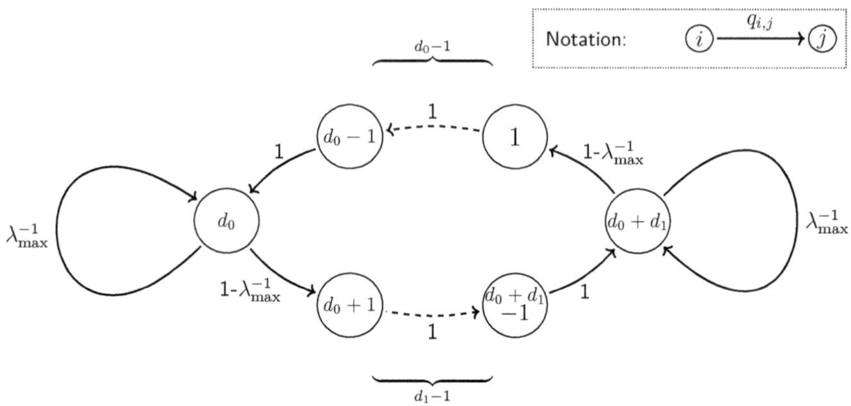

Abbildung 3.20: Graph der $(d_0, d_1)$ Beschränkung mit an den Kanten aufgetragenen Übergangs-wahrscheinlichkeiten

und entsprechend folgt für die Aufenthaltswahrscheinlichkeiten im $(d_0, d_1)$-Graph

$$
\pi_i' = \begin{cases} 1 & i = d_0, d_0 + d_1 \\ 1 - \lambda_{\max}^{-1} & i = 1, \ldots, d_0 - 1, d_0 + 1, \ldots, d_0 + d_1 - 1 \end{cases}
\tag{3.27}
$$

wobei der Vektor $\boldsymbol{\pi}$ der Zustandswahrscheinlichkeiten mit

$$
\boldsymbol{\pi} = \frac{\boldsymbol{\pi}'}{\sum \boldsymbol{\pi}'}, \ \boldsymbol{\pi}' = \left[ \pi_1', \ldots, \pi_{d_0+d_1}' \right]
\tag{3.28}
$$

normiert werden muss. Die gewählte Knotenindizierung ist aus Abbildung 3.20 ersichtlich.

Die mittlere Leistung entspricht der Summenwahrscheinlichkeit für einen An-Zustand und ergibt sich entsprechend zu:

$$
\overline{\mathbf{x}} = \sum_{i=d_0+1}^{d_0+d_1} \pi_i.
\tag{3.29}
$$

In Abbildung 3.18 ist die mittlere Leistung über die Sequenzbeschränkungen $d_0$ und $d_1$ aufgetragen. Über diese beiden Parameter kann die mittlere Leistung in einem gewissen Wertebereich eingestellt werden, wobei $d_0 = 1$ und $d_1 = 1$ die Grenzen des Einstellbereichs bilden und der Umfang des Bereichs mit $d_0 + d_1 \rightarrow \infty$ zunimmt. Die Symmetrie ergibt sich, da das Vertauschen der Werte von $d_0$ und $d_1$ zu einer identischen Wahrscheinlichkeitsverteilung mit invertierten Intensitäten führt.

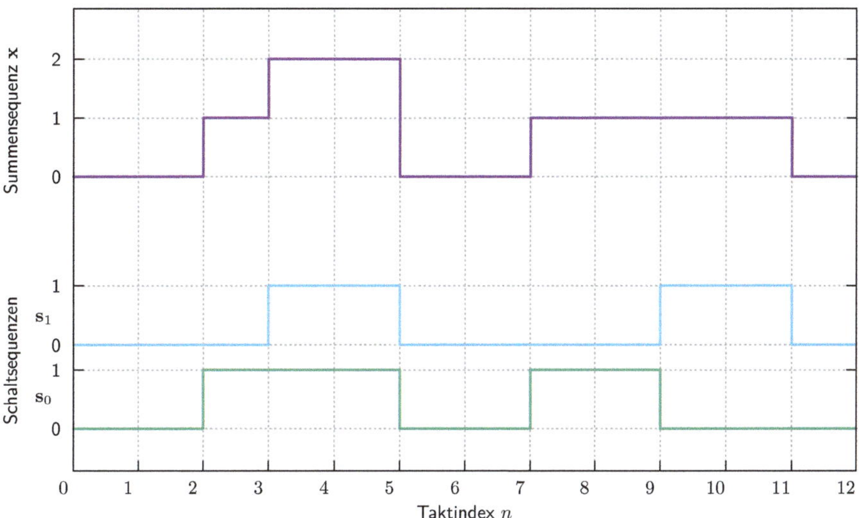

Abbildung 3.21: $\sum_2 (1, 2, 4, 3)$-CSIM Beispiel mit entsprechend zwei beschränkten Sequenzen die zu einer Summensequenz überlagert werden

## 3.3 Binäre Superpositionsmodulation mit Beschränkung der Umschalthäufigkeiten

Die im vorangegangenen Abschnitt eingeführten Sequenzbeschränkungen können sowohl zur Adaption der Sendesequenzen an die physikalischen Eigenschaften der einzelnen Lichtquellen genutzt werden als auch zur Optimierung des Sendesignals etwa in Bezug auf die Leistungseffizienz dienen. Wir wollen nun mehrere der $(d_0, d_1, k_0, k_1)$-Sequenzen aus Abschnitt 3.2.1 nach (3.1) additiv überlagern. Das auf diese Weise entstehende Modulationsverfahren wird als Superpositionsmodulation mit Einschränkungen (constrained superposition intensity modulation, CSIM) bezeichnet. Zur Veranschaulichung ist in Abbildung 3.21 die Überlagerung zweier beschränkten Sequenzen dargestellt. Die Notation wird zur Kenntlichmachung der Überlagerung mit der $L$-fachen Summation um die Anzahl der überlagerten Lichtquellen wie folgt erweitert:

$$\sum_L (d_0, d_1, k_0, k_1). \tag{3.30}$$

Wie bereits in Abschnitt 3.2 ausgeführt, unterscheidet sich die gewählte Notation von der in den eigenen Publikationen gewählten, um eine Übereinstimmung mit der Literatur zu erreichen. Es sei außerdem angemerkt, dass in der Literatur [KI09; MLX95] mehrstufige lauflängenbeschränkte (run-length-limiteds, RLL) Sequenzen mit der Notation $(d, k; M)$ bekannt sind. Diese sind mit dem CSIM-Verfahren nicht vergleichbar, da bei den mehrstufigen RLL-Sequenzen eine $M$-stufige Sequenz bezüglich ihrer Umschalthäufigkeit beschränkt wird, während bei CSIM mehrere unabhängig voneinander beschränkte Sequenzen zu einer Summensequenz überlagert werden. Entsprechend wurde die Notation für die beschränkten Einzelsequenzen um das Summenzeichen erweitert, um den Überlagerungscharakter von CSIM zu betonen.

Es ist offensichtlich, dass das Summensignal Einschränkungen bezüglich der Amplitudenabfolge aufweist, welche sich aus den Beschränkungen der Einzelsequenzen $\mathbf{s}_l$ ergeben. Die zulässigen Intensitätsabfolgen der Summensequenz $\mathbf{x}$ können in Form eines Zustandsgraphen dargestellt werden. Allerdings folgen die Gesetzmäßigkeiten dieses Graphen nicht unmittelbar aus der Kombination von $L$ identischen Graphen mit jeweils der Einschränkung $(d_0, d_1, k_0, k_1)$, denn ein auf diese Weise konstruierter Überlagerungsgraph enthält redundante Zustände und erfüllt deshalb typischerweise die Unifilaritätsbedingung nicht (siehe Abschnitt A.1.1). Folglich eignet er sich nicht zur Konstruktion eines Modulationscodes.

## 3.3.1 Identifikation der Sequenzbeschreibung in Form eines Graphen

Im Folgenden wird eine Methode zur Konstruktion eines unifilaren Graphen vorgestellt, welche die Einschränkungen der einzelnen Lichtquellen nicht in Form einer direkten Zuordnung zu den einzelnen Quellen verfolgt, sondern vielmehr auf der Anzahl der Lichtquellen basiert, welche sich in dem jeweiligen Zustand befinden. Hierzu führen wir zuerst den Zustandsvektor

$$\mathbf{l}_0 = \left[l_{0,0}, l_{0,1}, \ldots, l_{0,k_0-1}\right] = \left[[l_{0,m_0}]\right] \tag{3.31}$$

für die Anzahl der Lichtquellen in Aus-Zustand und den Zustandsvektor

$$\mathbf{l}_1 = \left[l_{1,0}, l_{1,1}, \ldots, l_{1,k_1-1}\right] = \left[[l_{1,m_1}]\right] \tag{3.32}$$

entsprechend für die Anzahl der Lichtquellen im Einzustand ein. Die Elemente der beiden Vektoren spezifizieren die Anzahl der Lichtquellen, welche sich seit $m_0$ bzw. $m_1$ Takten in dem entsprechenden Zustand befinden. Durch Kombinatorik können alle zulässigen Zustandsvektoren bestimmt werden, wobei alle $L$ Lichtquellen jeweils genau einem Zustand in $\mathbf{l}_0$ oder $\mathbf{l}_1$ zugeordnet sein müssen, so dass gilt:

$$\sum_{m_0=0}^{k_0-1} l_{0,m_0} + \sum_{m_1=0}^{k_1-1} l_{1,m_1} = L \tag{3.33}$$

und

$$l_0 \in \{0, \ldots, L\}^{k_0}$$
$$l_1 \in \{0, \ldots, L\}^{k_1} .$$

$$(3.34)$$

Wenn etwa $l_0 = [0,0,0,0]$ und $l_1 = [0,0,3,0]$ sei, dann bedeutete dies, dass alle $L = 3$ Lichtquellen vor drei Taktschritten vom Aus-Zustand in den An-Zustand umgeschaltet wurden.

Die optische Momentanleistung $x$ ergibt sich aus der Gesamtzahl der Lichtquellen im An-Zustand:

$$x = \sum_{m_1=0}^{k_1-1} l_{1,m_1} .$$

$$(3.35)$$

Zur Darstellung der Modulationsvorschrift in Form eines Graphen führen wir für die Knoten

$$v^i := \frac{l_0^i}{l_1^i}$$

$$(3.36)$$

ein. Zur Kenntlichmachung der Abfolge im Graphen haben wir die Notation der Zustandsvektoren $l_0$ und $l_1$ um einen Exponenten erweitert, welcher als Knotenindex dient. Einen Zustandsübergang, z. B. vom $i$-ten in den $j$-ten Zustand, bezeichnen wir mit $v^i \rightarrow v^j$. Im Folgenden soll nun die Gesamtheit aller zulässigen Übergänge bestimmt und in Form einer Adjazenzmatrix

$$\mathbf{D} \in \{0,1\}^{\mathcal{K} \times \mathcal{K}}$$

$$(3.37)$$

erfasst werden, wobei $d_{i,j} = 1$ für einen zulässigen Zustandsübergang steht und $\mathcal{K}$ die Anzahl der Knoten des resultierenden Graphen sei. Zunächst bestimmen wir alle zulässigen Knoten mittels Kombinatorik. Hierzu berücksichtigen wir die Randbedingungen aus (3.33) und (3.34).

**Variante ohne wechselseitiges Umschalten**

Falls ein beliebiges Paar zweier Knoten $v^i$, $v^j$ eine der nachfolgenden Bedingungen erfüllt, bildet dieses einen zulässigen Zustandsübergang $v^i \rightarrow v^j$:

1. Es findet kein Umschalten der Lichtquellen statt und die Zustandsvektoren werden entsprechend um einen Taktschritt verschoben:

$$l_0^j = \left[ 0, l_{0,0}^i, l_{0,1}^i, \ldots, l_{0,k_0-2}^i \right]$$
$$l_1^j = \left[ 0, l_{1,0}^i, l_{1,1}^i, \ldots, l_{1,k_1-2}^i \right] .$$

$$(3.38)$$

Der Fall, dass ein Zustand $l_{0,k_0-1}^i$ bzw. $l_{1,k_1-1}^i$ durch diese Verschiebung in $l_0^j$ bzw. $l_1^j$ unberücksichtigt bleibt, wird durch die Definition zulässiger Knoten in (3.33) verhindert. Falls $k_0 = \infty$, muss die Länge des Zustandsvektors $l_0$ zu $d_0$ anstelle von $k_0$ gesetzt werden. Darüber hinaus bleibt in diesem Fall der letzte Zustand des Zustandsvektors erhalten, indem der bisherige Endzustand mit dem um einen Taktschritt verschobenen zusammengeführt wird:

$$\mathbf{l}_0^j = \left[0, l_{0,0}^i, l_{0,1}^i, \ldots, l_{0,d_0-2}^i + l_{0,d_0-1}^i\right]. \tag{3.39}$$

Analog ist für den Fall $k_1 = \infty$ zu verfahren. Als Beispiele für diese erste Gruppe der zulässigen Zustandsübergänge sei $\frac{0,1,0,0}{1,0,0} \rightarrow \frac{0,0,1,0}{0,1,0}$ bzw. für den Fall $k_0 = k_1 = \infty$ der Übergang $\frac{1,0,1}{3,0,1,1} \rightarrow \frac{0,1,1}{0,3,0,2}$ angeführt.

2. Es können $u_{01} \geq 1$ Lichtquellen vom Aus-Zustand in den An-Zustand umgeschaltet werden, falls die notwendige Anzahl an einschaltbaren Lichtquellen zur Verfügung steht, d. h. wenn

$$\sum_{m_0=d_0-1}^{k_0-1} l_{0,m_0}^i \geq u_{01} \tag{3.40}$$

bzw. für den Fall $k_0 = \infty$

$$l_{0,d_0-1}^i \geq u_{01}. \tag{3.41}$$

Der neue Zustandsvektor für den Einzustand ergibt sich zu:

$$\mathbf{l}_1^j = \left[u_{01}, l_{1,0}^i, \ldots, l_{1,k_1-2}^i\right] \tag{3.42}$$

bzw. falls $k_1 = \infty$

$$\mathbf{l}_1^j = \left[u_{01}, l_{1,0}^i, \ldots, l_{1,d_1-2}^i + l_{1,d_1-1}^i\right]. \tag{3.43}$$

Zur Bestimmung des neuen Zustandsvektors $\mathbf{l}_0^j$ muss, falls $k_0 \neq \infty$, zuerst festgestellt werden, ab welcher Position $m_0^*$ die Zustände in $\mathbf{l}_0^i$ vom Aus-Zustand in den An-Zustand umgeschaltet werden:

$$m_0^* = \operatorname*{argmax}_{\widetilde{m}_0} \left(\sum_{m_0=\widetilde{m}_0}^{k_0-1} l_{0,m_0}^i \geq u_{01}\right). \tag{3.44}$$

Der $\operatorname{argmax}$ Ausdruck stellt sicher, dass diejenigen Elemente in $\mathbf{l}_0$ bevorzugt umgeschaltet werden, welche an den „höheren" Positionen im Vektor stehen. Zum Ersten verhindert dies, dass mehrere Ausgangspfade mit gleicher Summenintensität entstehen können. Des Weiteren wird durch diese Methode z. B. der Übergang $\frac{0,1,1,0}{0,0,0} \rightarrow \frac{0,0,1,0}{1,0,0}$ dem Übergang $\frac{0,1,1,0}{0,0,0} \rightarrow \frac{0,0,0,1}{1,0,0}$ vorgezogen. Dies ist notwendig, um die Gesamtzahl der möglichen Übergänge und damit die Modulationsrate zu maximieren.

Mit $m_0^*$ können wir nun den neuen Zustandsvektor für den Aus-Zustand angeben:

$$\mathbf{l}_0^j = \left[ 0, l_{0,0}^i, \dots, l_{0,m_0^*-1}^i, \Delta_0, \underbrace{0, \dots, 0}_{k_0-m_0^*-2} \right], \tag{3.45}$$

wobei

$$\Delta_0 = \sum_{m_0=m_0^*}^{k_0-1} l_{0,m_0}^i - u_{01} \tag{3.46}$$

die Anzahl der an Position $m_0^*$ im Aus-Zustand verbleibenden Lichtquellen ist. Wenn zum Erreichen der $u_{01}$ Umschaltvorgänge die Lichtquellen in $l_{0,m_0^*}^i$ nur zum Teil in den An-Zustand umgeschaltet werden müssen, ist $\Delta_0 > 0$.

Für den Fall $k_0 = \infty$ gilt

$$\mathbf{l}_0^j = \left[ 0, l_{0,0}^i, \dots, l_{0,d_0-3}^i, l_{0,d_0-2}^i + \Delta_0 \right] \tag{3.47}$$

mit

$$\Delta_0 = l_{0,d_0-1}^i - u_{01}. \tag{3.48}$$

3. Analog zu 2. ist in dem Fall zu verfahren, dass $u_{10} \geq 1$ Lichtquellen vom An-Zustand in den Aus-Zustand wechseln.

Ein anhand des vorausgehend beschriebenen Vorgehens entwickelter Graph wird in Abbildung 3.22 gezeigt. Die Sendeamplituden können aus dem Stil der Verbindungslinien abgelesen werden. Alternativ ist eine Bestimmung aus der Knotennotation nach (3.35) möglich.

Das skizzierte Vorgehen schließt den Fall aus, dass gleichzeitig Lichtquellen jeweils vom An-Zustand in den Aus-Zustand wechseln und umgekehrt. Entsprechend bezeichnen wir diesen Fall als CSIM ohne wechselseitige Umschaltvorgänge. Dies ist u. U. eine erwünschte Eigenschaft, denn ansonsten können Übergänge auftreten, welche Schaltoperationen bedingen, ohne die Sendeamplitude $x$ zu beeinflussen.

**Variante mit wechselseitigen Umschaltvorgängen**

Falls jedoch diese wechselseitigen Umschaltvorgänge zulässig sein sollen, kann die CSIM Konstruktionsvorschrift, wie nachfolgend dargestellt, formuliert werden. Die Anzahl der den Zustand wechselnden Lichtquellen muss dabei nicht notwendigerweise identisch sein. Die Anzahl möglicher Ein- und Ausschaltvorgänge ergibt sich zu

$$u_{01} = \left\{ 0, \ldots, \sum_{m_0=d_0-1}^{k_0-1} l_{0,m_0}^i \right\}$$
$$u_{10} = \left\{ 0, \ldots, \sum_{m_1=d_1-1}^{k_1-1} l_{1,m_1}^i \right\} \tag{3.49}$$

bzw. für den Fall $k_0 = \infty$ zu

$$u_{01} = \left\{ 0, \ldots, l_{0,d_0-1}^i \right\}$$
$$u_{10} = \left\{ 0, \ldots, l_{1,d_1-1}^i \right\} . \tag{3.50}$$

Zur Bestimmung der neuen Zustandsvektoren müssen, falls $k_0 \neq \infty$ bzw. $k_1 \neq \infty$, zuerst die Anfangspositionen $m_0^*$ bzw. $m_1^*$ der umzuschaltenden Zustände bestimmt werden:

$$m_0^* = \underset{\widetilde{m}_0}{\operatorname{argmax}} \left( \sum_{m_0=\widetilde{m}_0}^{k_0-1} l_{0,m_0}^i \geq u_{01} \right)$$
$$m_1^* = \underset{\widetilde{m}_1}{\operatorname{argmax}} \left( \sum_{m_1=\widetilde{m}_1}^{k_1-1} l_{1,m_1}^i \geq u_{10} \right) . \tag{3.51}$$

Für die neuen Zustandsvektoren gilt dann:

$$\mathbf{l}_0^j = \left[ u_{10}, l_{0,0}^i, \ldots, l_{0,m_0^*-2}^i, \Delta_0, \underbrace{0, \ldots, 0}_{k_0-m_0^*-2} \right]$$
$$\mathbf{l}_1^j = \left[ u_{01}, l_{1,0}^i, \ldots, l_{1,m_1^*-2}^i, \Delta_1, \underbrace{0, \ldots, 0}_{k_1-m_1^*-2} \right] \tag{3.52}$$

mit

$$\Delta_0 = \sum_{m_0=m_0^*}^{k_0-1} l_{0,m_0}^i - u_{01}$$
$$\Delta_1 = \sum_{m_1=m_1^*}^{k_1-1} l_{0,m_1}^i - u_{10} . \tag{3.53}$$

Zur Kenntlichmachung der Unterschiede bei Anwendung der beiden Konstruktionsvorschriften mit und ohne wechselseitiges Umschalten sind diese in den Abbildungen 3.22 und 3.23 in rot dargestellt.

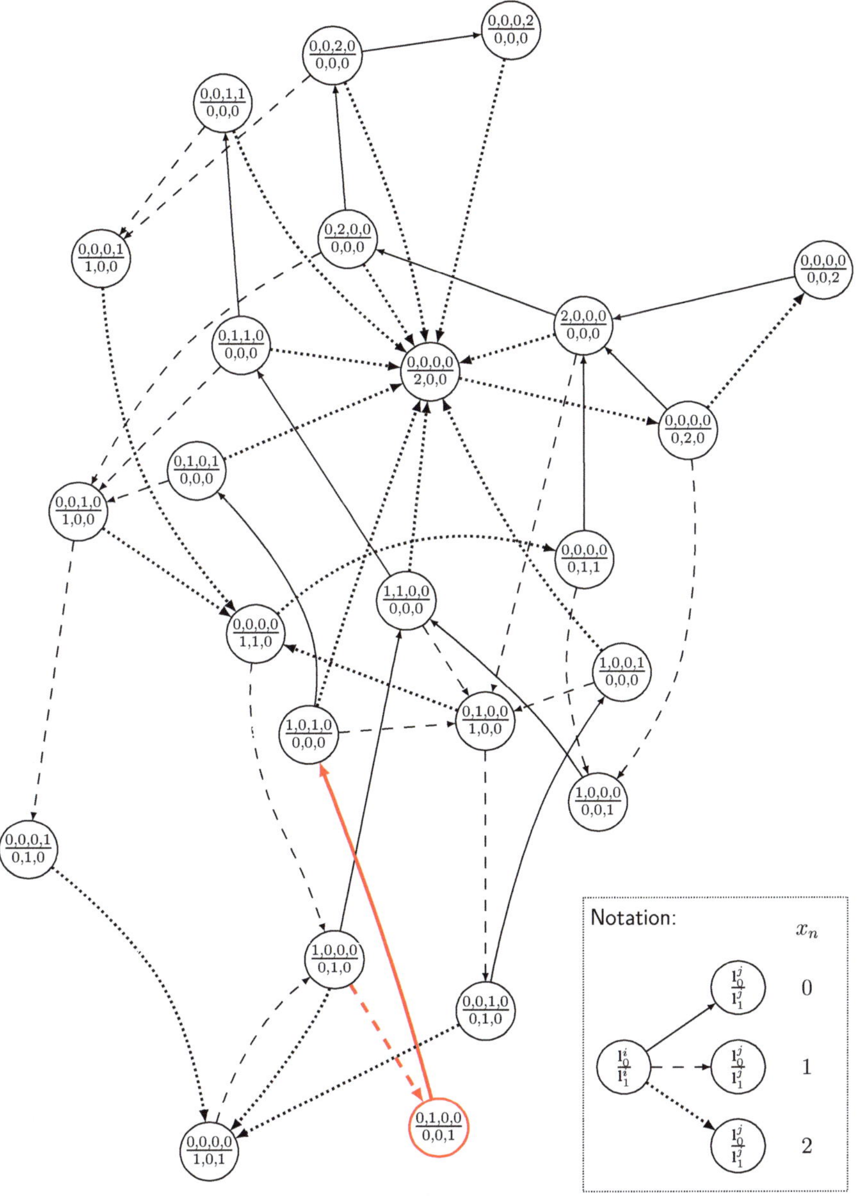

Abbildung 3.22: $\sum_2 (1, 2, 4, 3)$-CSIM ohne wechselseitiges Umschalten

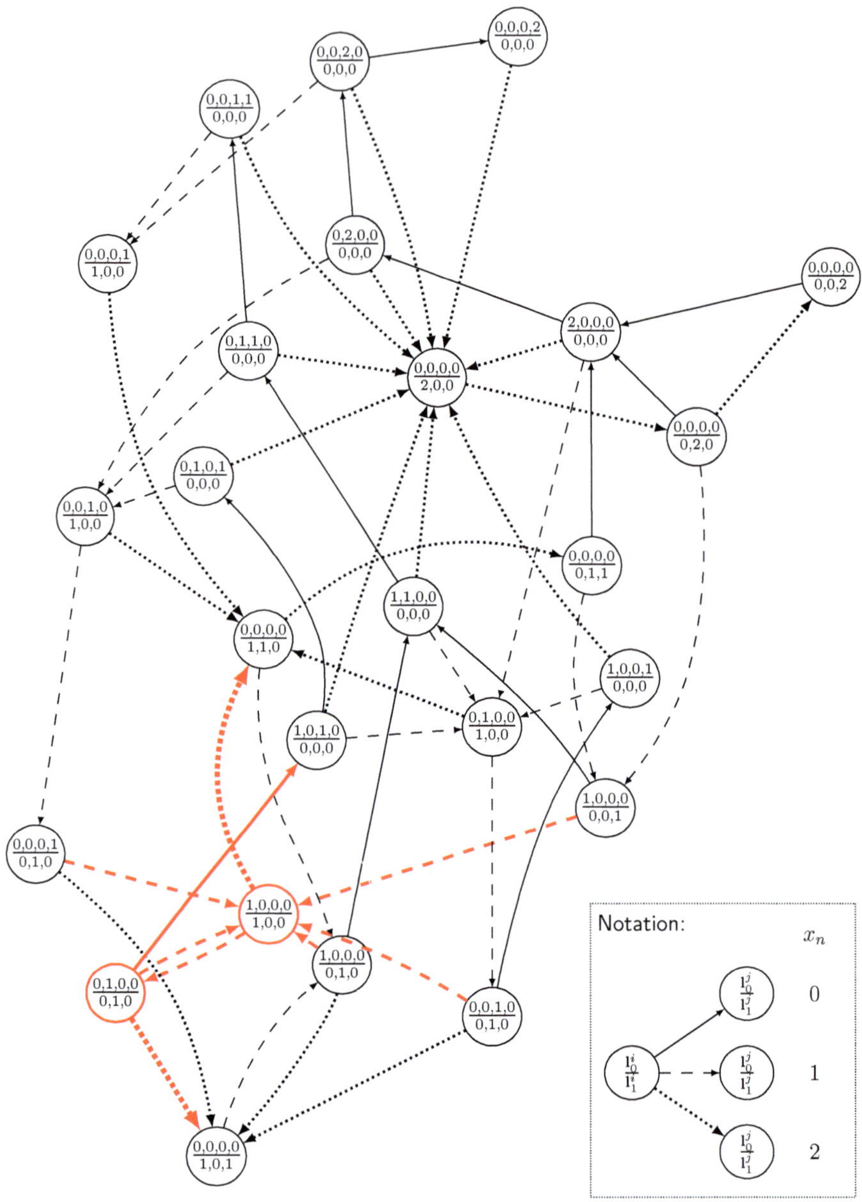

Abbildung 3.23: $\sum_2 (1, 2, 4, 3)$-CSIM mit wechselseitigem Umschalten

Im Gegensatz dazu kann mit dem Zulassen von wechselseitigen Umschaltvorgängen der Fall auftreten, dass zwei Übergänge mit gleicher Sendeamplitude $x$, ausgehend von einem Knoten, erzeugt werden. Ein Beispiel sind die beiden möglichen Übergange $\frac{1,0,0,0}{0,1,0} \rightarrow \frac{0,1,0,0}{0,0,1}$ und $\frac{1,0,0,0}{0,1,0} \rightarrow \frac{1,0,0,0}{1,0,0}$, wobei nur im zweiten Fall ein wechselseitiger Umschaltvorgang stattfindet. Um eine Verletzung der Unifilaritätsbedingung nach Abschnitt A.1.1 zu vermeiden, wird in diesen Fällen der Übergang ohne wechselseitiges Umschalten entfernt.

### Entfernen von Knoten ohne Nachfolger

Ein anderes Problem, welches mit beiden eingeführten Konstruktionsvorschriften auftreten kann, besteht darin, dass in den Fällen $k_0 \neq \infty$ und $k_1 \neq \infty$ u. U. Knoten ohne Nachfolger erzeugt werden. Diese müssen in einem abschließenden Verarbeitungsschritt entfernt werden, damit die Irreduzibilität des Graphen nach Abschnitt A.1.1 gegeben ist. Zum Beispiel ist der Übergang $\frac{0,0,1,0}{0,1,0} \rightarrow \frac{0,0,0,1}{0,0,1}$ in Abbildung 3.22 nicht vorhanden, da der Knoten $\frac{0,0,0,1}{0,0,1}$ ohne das Zulassen von wechselseitigen Umschaltvorgängen keinen Nachfolger besitzt.

### Identifikation der Schaltmuster

Für eine senderseitige Umsetzung muss darüber hinaus bekannt sein, welche Lichtquellen jeweils bei einem Zustandsübergang umgeschaltet werden müssen. Eine Möglichkeit ist es, im Modulator die Anzahl der Takte seit dem letzten Schaltvorgang für jede einzelne Lichtquelle zu verfolgen und für einen nächsten Schaltvorgang die bereits am längsten in dem komplementären Zustand verweilende LED auszuwählen. Alternativ können die zulässigen Schaltmuster apriorisch bestimmt und zu den Knoten abgespeichert werden. Mit dieser Maßnahme kann die Komplexität des Modulators reduziert werden, weshalb in meiner Umsetzung dieses Vorgehen gewählt wurde. Aus Gründen der Übersichtlichkeit sind die Schaltmuster in den Graphendarstellungen nicht eingetragen.

### Terminierung bzw. Festlegung eines Ursprungsknotens

Die Übertragung endlicher Sequenzen bedingt, dass eine Festlegung bezüglich des Ausgangszustandes sowie des Endzustandes getroffen wird. Dies ist notwendig, damit die Sequenzbeschränkungen auch am Anfang sowie am Ende einer Sequenz nicht verletzt werden. Darüber hinaus dient eine Festlegung auch der Decodierbarkeit am Empfänger, sodass sich in der Praxis die Definition eines konkreten Startzustandes anbietet. In dieser Arbeit nimmt der Knoten

$$v^{\text{term.}} = \frac{0,\ldots,0,L}{0,\ldots,0} \tag{3.54}$$

diese Sonderstellung ein und repräsentiert gewissermaßen den Ruhezustand der Sendedioden. Um am Sequenzende in diesen zurückzukehren, müssen alle LEDs ausgeschaltet werden, sobald die $d_1$ Beschränkung dies erlaubt, und für mindestens $d_0$ Takte in diesem Zustand verweilen. Es ergibt sich eine Gesamtlänge der Terminierung am Sequenzende von $d_1 + d_0$ bzw. $d_1 + k_0$ Takten. Im Falle von $k_0 \neq \infty$ verletzen wir mit diesem Vorgehen bewusst das Kriterium einer Höchstzahl von $k_0$ aufeinanderfolgender Auszustände. Dies ist unvermeidlich und nicht schädlich, da die Beschränkung nur während des laufenden Betriebs etwa aus Synchronisationsgründen notwendig sein sollte und ansonsten kein fester Terminierungszustand definiert werden könnte.

## 3.3.2 Erweiterung zur Begrenzung der Momentanleistung

Mit der Superposition ergibt sich zusätzlich die Möglichkeit, auch die Momentanleistung entsprechend der Anzahl gleichzeitig eingeschalteter LEDs zu kontrollieren. Hierzu erweitern wir die CSIM-Notation erneut zu

$$\sum_L (d_0, d_1, k_0, k_1) \big|_{\Omega_{\min}}^{\Omega_{\max}}, \tag{3.55}$$

indem wir $\Omega_{\min}$ für die Mindestzahl und $\Omega_{\max}$ für die Höchstzahl gleichzeitig eingeschalteter LEDs einführen. Es gelte $0 \leq \Omega_{\min} \leq \Omega_{\max} \leq L$. Bei der Erzeugung der Graphenstruktur müssen die Parameter entsprechend mittels der zusätzlichen Bedingungen

$$\sum_{m_0=0}^{L} l_{0,m_0} \geq \Omega_{\min}$$
$$\sum_{m_1=0}^{L} l_{1,m_1} \leq \Omega_{\max} \tag{3.56}$$

berücksichtigt werden.

Die neu eingeführten Begrenzungen wurden etwa bei der Entwicklung des Unterwassermodems genutzt, um die Momentanleistung mit $\Omega_{\max} = 4$ auf vier der fünf verfügbaren LEDs zu limitieren, da das Stromversorgungssystem aufgrund des zur Verfügung stehenden Bauraumes so dimensioniert wurde, dass nicht alle LEDs gleichzeitig angeschaltet werden können. Eine Festlegung der Mindestzahl gleichzeitig eingeschalteter Lichtquellen könnte z. B. in der VLC genutzt werden, um unabhängig von der Quellensequenz und ohne die Notwendigkeit einer Vorcodierung eine Mindestbeleuchtungsstärke zu garantieren. Es sei außerdem angemerkt, dass zu Zwecken der Terminierung eine Beschränkung mit $\Omega_{\min} > 0$ am Anfang sowie am Ende einer Sequenz verletzt werden muss.

### 3.3.3 Auswertung des CSIM-Graphen

Nachfolgend wird die Struktur der aus der eingeführten Konstruktionsvorschrift abgeleiteten CSIM-Graphen bezüglich der zu Kommunikationszwecken wesentlichen Eigenschaften ausgewertet. Diese Untersuchungen erfolgen unter der Annahme $k_0 = k_1 = \infty$, da bei der Nutzung des Superpositionsgraphen zur Datenübertragung eine Beschränkung der maximalen Verweildauer meist keine Anwendung findet und diese Annahme die Darstellung der Ergebnisse deutlich vereinfacht.

**Symmetrie**

Eine Vertauschung der Sequenzparameter $d_0, k_0$ mit den Parametern $d_1, k_1$ führt nach der vorgestellten Konstruktionsvorschrift auf einen Graphen mit identischer Struktur. Dies bedeutet, dass beide Graphen, bis auf eine mögliche Abweichung der Knotenindizierung, eine identische Adjazenzmatrix aufweisen und die Amplituden des symmetrischen Graphen nach

$$x_{\text{sym.}} = L - x \tag{3.57}$$

bestimmt werden können. Dieser Zusammenhang folgt aus der Vertauschung der Sperrvektoren $\mathbf{l}_0$ und $\mathbf{l}_1$, welche sich wiederum aus der Symmetriebedingung ergibt. Als Beispiel sei der CSIM-Graph $\sum_2 (2, 1, 3, 4)$ in Abbildung 3.24 angeführt, welcher der strukturidentische Graph zu dem in Abbildung 3.23 dargestellten Beispielgraphen $\sum_2 (1, 2, 4, 3)$ ist.

**Anzahl der Schaltoperationen**

Nach Abschnitt 1.1.3 kann aus der Anzahl der pro Bit notwendigen Schaltoperationen der Energieverbrauch in der Sendeeinheit und damit der nicht für das optische Sendesignal nutzbare Anteil an der Gesamtleistung bestimmt werden. Die Ergebnisse nach Abbildung 3.25 ergeben sich unter der Randbedingung, dass die ratenmaximierenden Pfadwahrscheinlichkeiten nach (A.3) ausgewählt werden.

Für das CSIM-Verfahren kann eine mit zunehmendem $L$ geringer werdende, normierte Umschalthäufigkeit beobachtet werden. Diese ergibt sich, da für eine Zustandsänderung mindestens $1/L$ normierte Schaltoperationen notwendig sind und entsprechend mit größer werdendem $L$ kleinteiligere Umladevorgänge möglich sind. Auch, dass die CSIM-Konstruktionsvariante ohne wechselseitige Umschaltvorgänge weniger Schaltoperationen zur Folge hat, steht in Übereinstimmung mit der Konstruktionsannahme. Eine weitere Abnahme der Anzahl der Umschaltvorgänge mit steigendem $d_0 + d_1$, wie sie nach Abbildung 3.17 für eine einzelne beschränkte Sequenz zu beobachten ist, kann für die CSIM-Konstruktion nicht generell bestätigt werden und ist nur als Tendenz für Konstruktionen mit kleinem $L$ zu beobachten. Ein Erklärungsversuch ist,

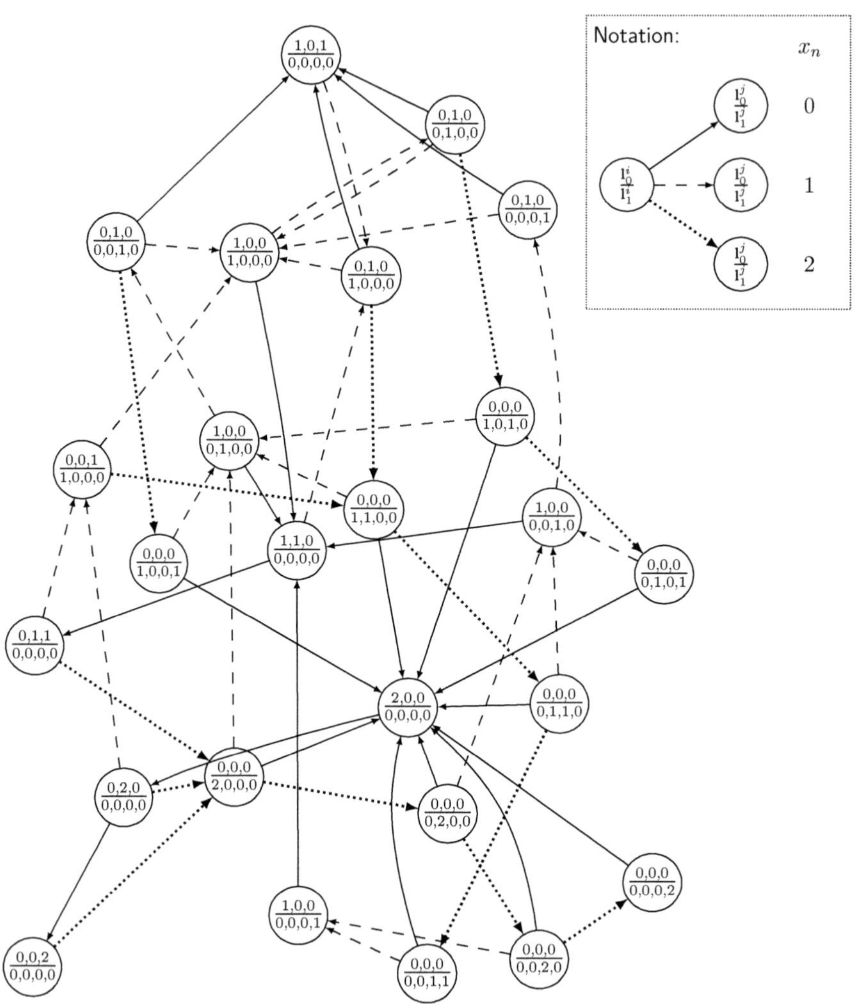

Abbildung 3.24: $\sum_2 (2, 1, 3, 4)$-CSIM mit wechselseitigem Umschalten ist ein symmetrischer Graph zu Abbildung 3.23

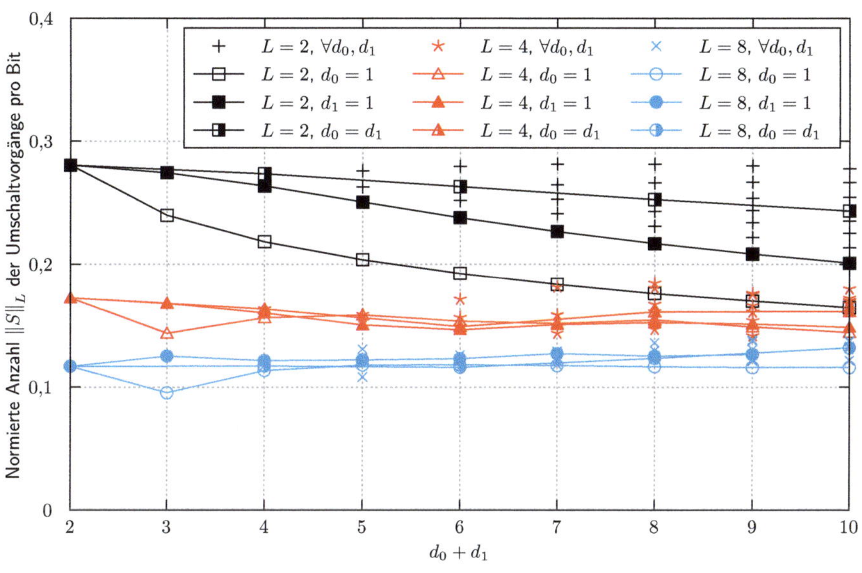



(a) CSIM ohne wechselseitiges Umschalten

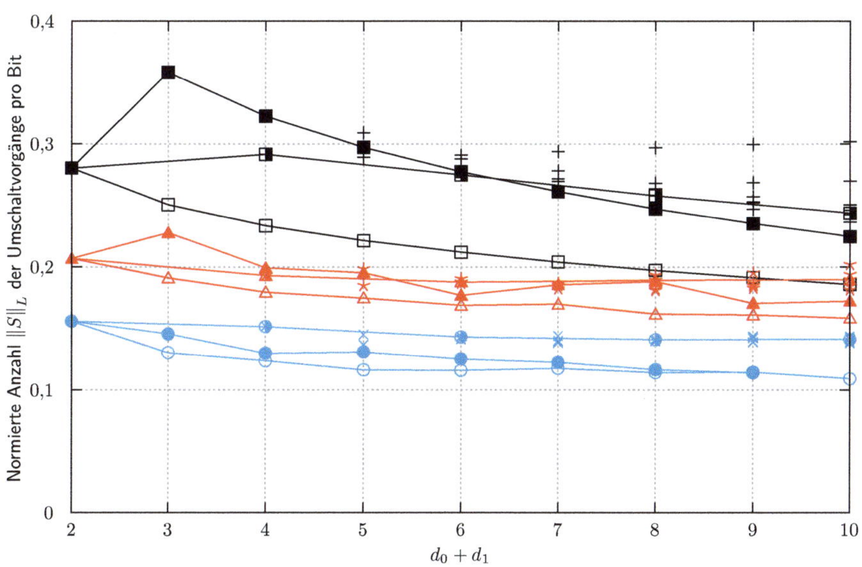



(b) CSIM mit wechselseitigem Umschalten

Abbildung 3.25: Anzahl der Umschaltvorgänge für CSIM

dass die Zahl der Umschaltvorgänge des Überlagerungsgraphen aufgrund der sich ergebenden, maxentropischen Übergangswahrscheinlichkeiten weniger stark abnimmt als die der Einzelsequenz. Dieser Einfluss der Wahrscheinlichkeiten spiegelt sich auch in der Beobachtung wider, dass im Allgemeinen CSIM-Sequenzen mit $d_0 = 1$ weniger Umschaltvorgänge erzeugen als Sequenzen mit $d_1 = 1$.

Bei einem Vergleich mit den alternativen Modulationsverfahren nach Abbildung 3.10 zeigen sich für die Superpositionsverfahren CDSIM und SAM ähnliche Gewinne bezüglich der Umschalt-häufigkeit, wohingegen bei OOK und PPM die Sendeeinheiten nicht unabhängig voneinander angesteuert werden und entsprechend deutlich größere Umschaltverluste entstehen.

**Pulsformungsgewinn**

Der Pulsformungsgewinn nach (2.11) ist ein wichtiger Faktor für die Leistungsfähigkeit des jeweiligen Modulationsverfahrens, da das elektrische SNR am Empfänger nach (2.18) mit $\kappa$ zunimmt.

Die Simulationsergebnisse in Abbildung 3.26 zeigen eine starke Abhängigkeit des Pulsfor-mungsgewinns von den sequenzbeschränkenden Parametern $d_0$ und $d_1$. Die Fälle $d_0 = 1$ und $d_1 = 1$ stellen dabei die beiden möglichen Extrema dar, welche mit zunehmendem $d_0 + d_1$ deutlich hervortreten. Im ersten Fall führt die Überlagerung mehrer Sequenzen mit jeweils kurzen Animpulsen zu einer Summensequenz, die ebenfalls vorwiegend den Zustand Null aufweist. Entsprechend ähnelt die Amplitudenverteilung der PPM mit einem hohen Pulsformungsgewinn $\kappa$. Das andere Extrem, der Fall $d_0 = 1$, beschreibt eine Summensequenz mit einem Mittelwert nahe $L$ und kurzen Amplitudeneinbrüchen, hervorgerufen von den mit $d_0 = 1$ erzwungenen, kurzen Ausschaltphasen der Einzelsequenzen. Der Pulsformungsgewinn ist in diesen Fällen entsprechend gering.

Im direkten Vergleich kann außerdem ein höherer Pulsformungsgewinn für das CSIM-Verfahren mit wechselseitigen Umschaltvorgängen festgestellt werden.

Die Ergebnisse zeigen, dass mit dem CSIM-Verfahren bei entsprechender Wahl der Sequenz-parameter eine deutliche Erhöhung des Pulsformungsgewinns im Vergleich zu den klassischen Verfahren OOK und SAM erreicht werden kann. Auch CDSIM zeigt auf Grund der gleichwahr-scheinlichen Amplitudenverteilung keinen nennenswerten Pulsformungsgewinn. Andererseits fällt der Pulsformungsgewinn für PPM als ein diesbezüglich optimiertes Verfahren, z. B. mit $\kappa \approx 8$ für 8-PPM, deutlich größer aus.

**Mittlere Leistung**

Wie in Abschnitt 3.2 ausgeführt, kann mittels entsprechender Wahl der Sequenzparameter die mittlere Leistung einer beschränkten Einzelsequenz angepasst werden. Dies ist, wie in Abbil-

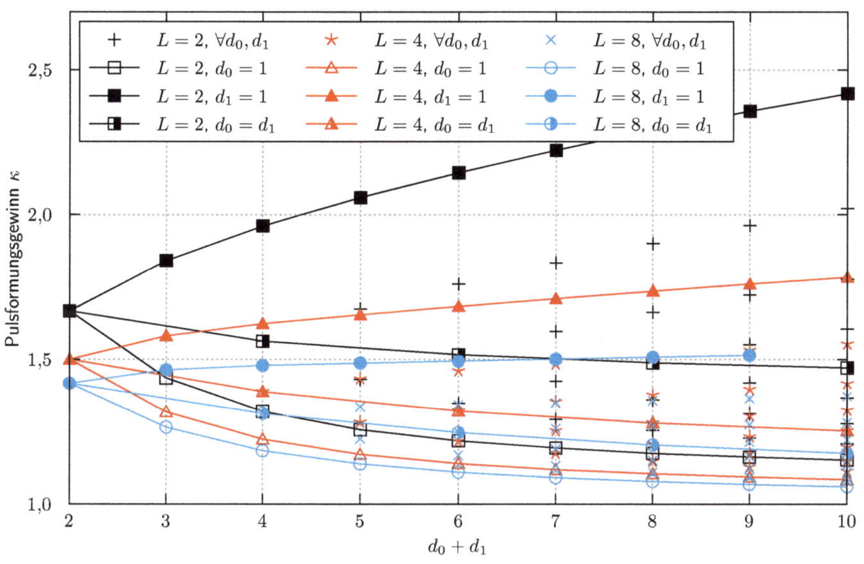


(a) CSIM ohne wechselseitiges Umschalten

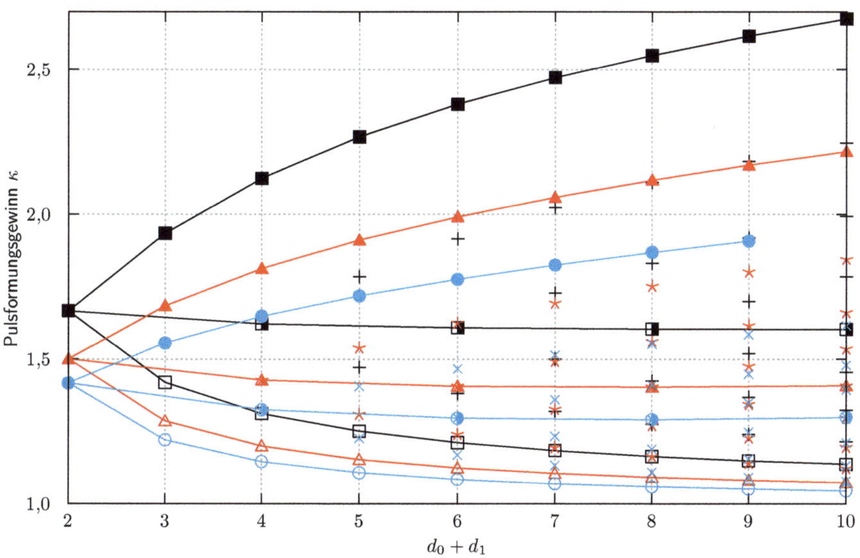


(b) CSIM mit wechselseitigem Umschalten

Abbildung 3.26: Pulsformungsgewinn von CSIM

dung 3.27 gezeigt wird, auch für das CSIM-Verfahren möglich. Zum Zweck der Vergleichbarkeit wurden die Werte dabei mit $L$, der Anzahl der Lichtquellen, normiert. Vom prinzipiellen Verlauf entsprechen die resultierenden mittleren Leistungen der Überlagerung mehrerer Sequenzen ohne wechselseitige Umschaltvorgänge den Ergebnissen für eine einzelne beschränkte Sequenz nach Abbildung 3.18. Für die CSIM-Konstruktion mit wechselseitigen Umschaltvorgängen nimmt die Variabilität der mittleren Leistung in Abhängigkeit von $L$ zu. Dies lässt vermuten, dass die CSIM-Konstruktion ohne wechselseitige Umschaltvorgänge bezüglich der Amplitudenverteilung einer Einzelsequenz ähnelt, während mit dem Zulassen des wechselseitigen Umschaltens der Fall langer, konstanter Folgen hervortritt. Ein Beispiel ist, dass für $L = 4$ mit $d_0 = 1$ und $d_1 = 3$ eine beliebig lange Sequenz mit $x = 3$ erzeugt werden kann und damit die mittlere Leistung entsprechend der zugeordneten Auftrittswahrscheinlichkeiten zunimmt.

Das zu der normierten mittleren Leistung von $1/2$ symmetrische Verhalten der Simulationsergebnisse bestätigt ferner die Symmetrieeigenschaft des Graphen bezüglich der Vertauschung der Parameter $d_0$ und $d_1$.

CSIM erlaubt also, durch eine entsprechende Wahl der Sequenzparameter die Anpassung der mittleren Leistung, während diese für die klassischen Verfahren mit $1/2$ für OOK, SAM und CDSIM, bzw. $1/M$ für PPM fest vorgegeben ist und nur durch Anpassung der elektrischen Ansteuerung beeinflusst werden kann.


**Modulationsrate**

Ein wesentlicher Grund für die Entwicklung des CSIM-Verfahrens ist die Erhöhung der Datenrate eines durch die maximal mögliche Umschaltgeschwindigkeit der Sendehardware beschränkten Übertragungssystems. Zur Berücksichtigung dieses Zusammenhanges führen wir die normierte Modulationsrate

$$\|R\|_{\min(d_0,d_1)} = R \cdot \min\left(d_0, d_1\right) \tag{3.58}$$

ein. Zur Motivation dieser Definition gehen wir dabei von einer auf Senderseite nötigen Mindestpulsdauer von z. B. $t = 2\,\mathrm{ms}$ aus. Diese lässt sich bei einer Taktdauer von $1\,\mathrm{ms}$ mit den Sequenzbeschränkungen $d_0 \geq 2$ und $d_1 \geq 2$ gewährleisten, während ein Basistakt von $200\,\mathrm{ns}$ die Parameter $d_0 \geq 10$ und $d_1 \geq 10$ bedingt. Entsprechend ermöglicht (3.58) eine Vergleichbarkeit von $R$, der Modulationsrate pro Takt, bezüglich der sendeseitigen Schaltbeschränkungen. Die Minimumbildung wird aufgrund der unabhängigen Wählbarkeit der beiden Sequenzbeschränkungen benötigt.

Die mit CSIM erzielbaren, normierten Modulationsraten werden in Abbildung 3.28 gezeigt. Allgemein lassen sich eine Zunahme der Rate mit $L$ sowie ein Maximum für die Parameterwahl $d_0 = d_1$ feststellen. Für die bezüglich der Rate identischen Fälle $d_0 = 1$ bzw. $d_1 = 1$ nimmt die Leistungsfähigkeit des Modulationsverfahrens ein Minimum ein. Dies lässt sich damit erklären,

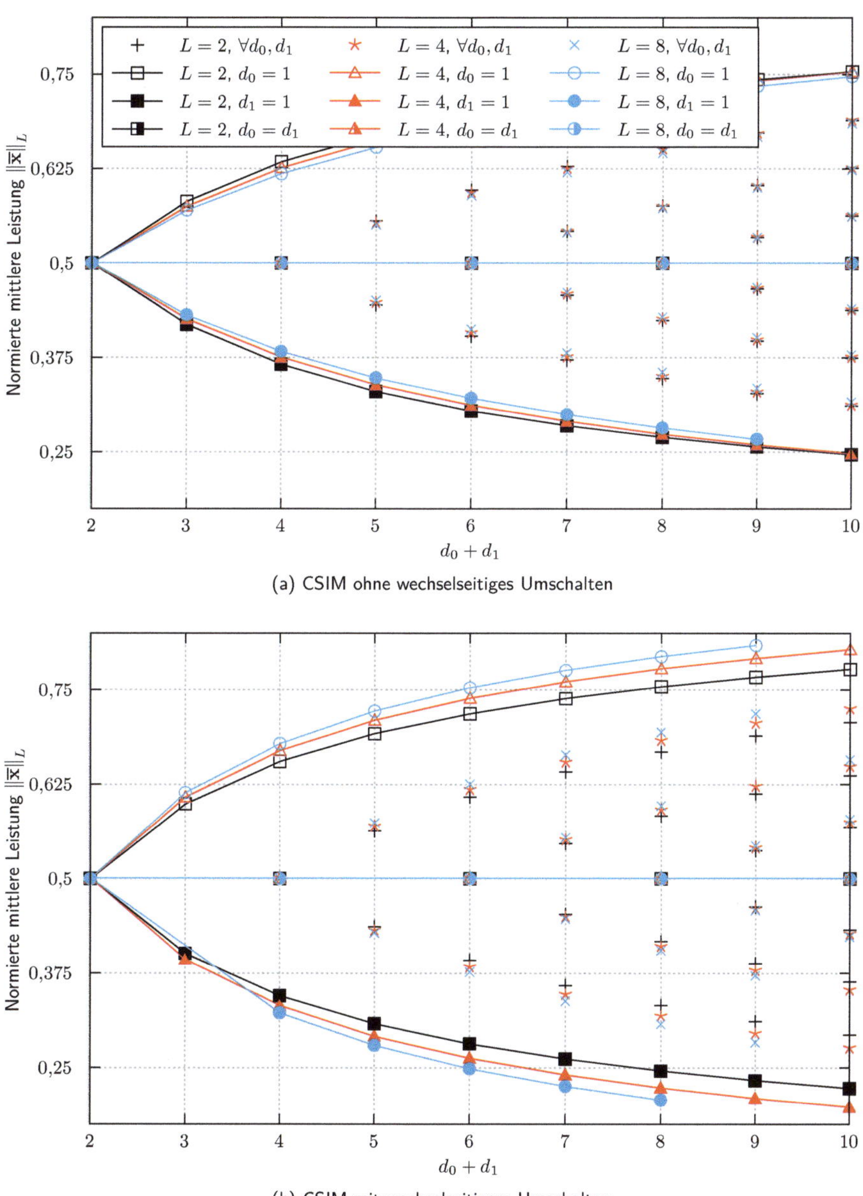

(a) CSIM ohne wechselseitiges Umschalten

(b) CSIM mit wechselseitigem Umschalten

Abbildung 3.27: Mittlere Leistung für verschiedene CSIM-Parameter

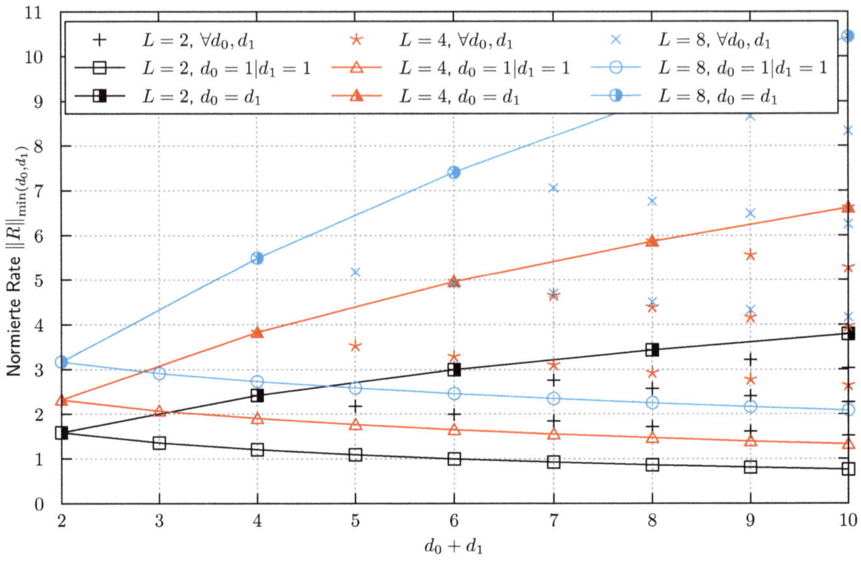


(a) CSIM ohne wechselseitiges Umschalten

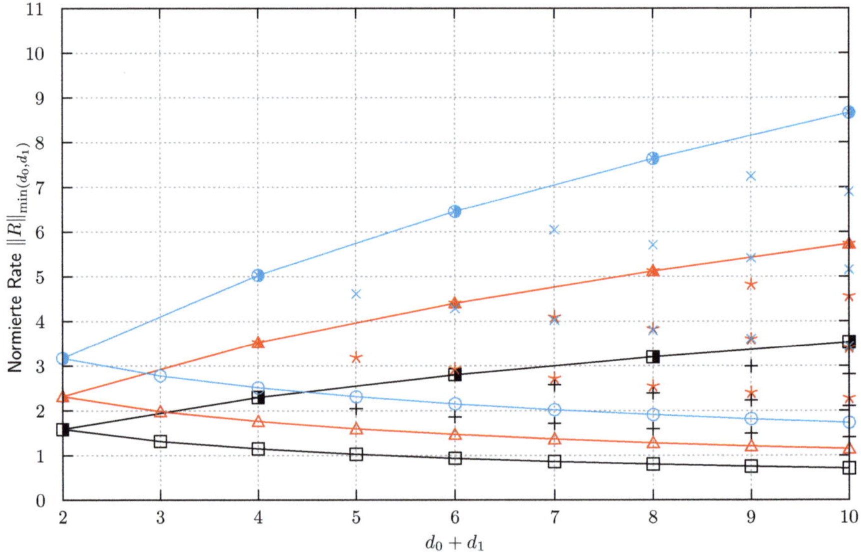


(b) CSIM mit wechselseitigem Umschalten

Abbildung 3.28: Normierte Modulationsraten

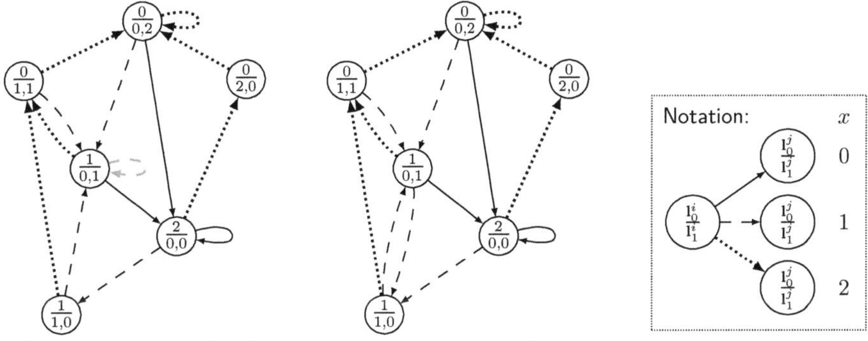



Abbildung 3.29: $\sum_2 (1, 2, \infty, \infty)$-CSIM

dass in beiden Extremfällen viele Sequenzabfolgen nicht darstellbar sind, da für $d_1 = 1$ vorwiegend Amplituden nahe null und für $d_0 = 1$ vorwiegend Amplituden nahe $L$ auftreten. Dies stimmt auch mit den Ergebnissen zur mittleren Leistung überein, welche für $d_0 = d_1$ mit $\|\overline{\mathbf{x}}\|_L = 1/2$ eine Gleichverteilung der Amplituden vermuten lassen.

Eine nahe liegende Vermutung wäre, dass die im Allgemeinen komplexeren CSIM-Modulationsgraphen mit den wechselseitigen Umschaltvorgängen eine höhere Modulationsrate aufweisen. Dies ist jedoch nicht der Fall, wie sich anhand der Graphen in Abbildung 3.29 zeigen lässt, denn in diesem Beispiel nimmt die Anzahl der Pfade zu dem Knoten $\frac{1}{1,0}$ zugunsten des grün markierten, zyklischen Pfades ab. In Folge nimmt die maxentropische Wahrscheinlichkeit des Knotens $\frac{1}{0,1}$ zu und damit die Modulationsrate des Gesamtgraphen.

Die Ergebnisse bestätigen, dass auf Basis des CSIM-Verfahrens deutliche Ratensteigerungen im Vergleich zu den klassischen Schaltverfahren ohne zeitlichen Versatz unter den Lichtquellen möglich sind. In Abbildung 3.30 sind zusätzlich die nicht normierten Modulationsraten dargestellt.

**Wechselseitige Information**

Die wechselseitige Information wurde nach dem in Abschnitt A.1.2 beschriebenen Vorgehen bestimmt und erlaubt eine Auswertung der Modulationsverfahren bezüglich ihrer Leistungseffizienz. Es sei angemerkt, dass das SNR nicht bezüglich des Rauschverhaltens bei den jeweils notwendigen Empfängerbandbreiten zur Erzielung einer konstanten Datenrate korrigiert wurde und CSIM deshalb mit Modulationsraten $> 1 \, ^{\text{Bit}}/_{\text{Takt}}$ eine höhere Leistungsfähigkeit im Vergleich zu OOK aufweist als dargestellt. In den Abbildungen 3.31 - 3.33 wird die wechselseitige Information, d. h. die Kanalkapazität unter Berücksichtigung des eingesetzten Modulationsverfahrens über dem SNR aufgetragen. Zu Referenzzwecken ist jeweils in grün die Leistungsfähigkeit von OOK

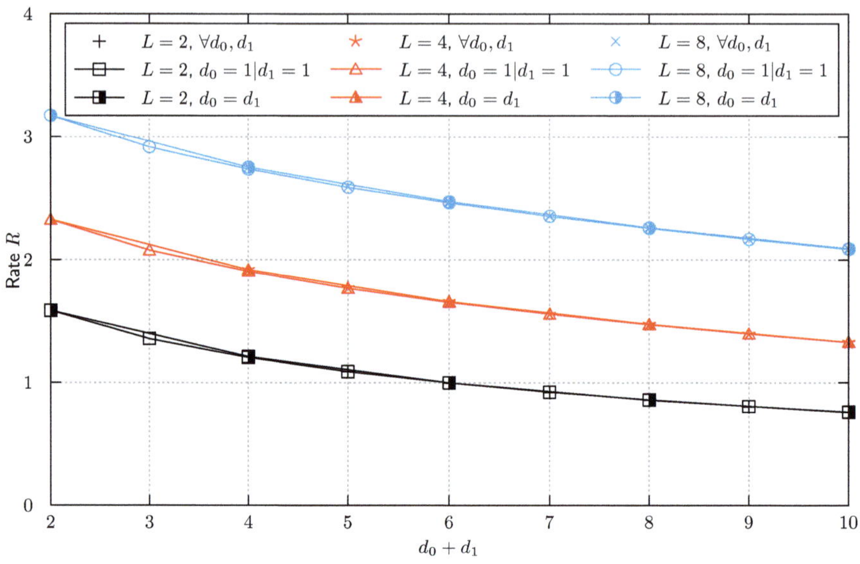

(a) CSIM ohne wechselseitiges Umschalten

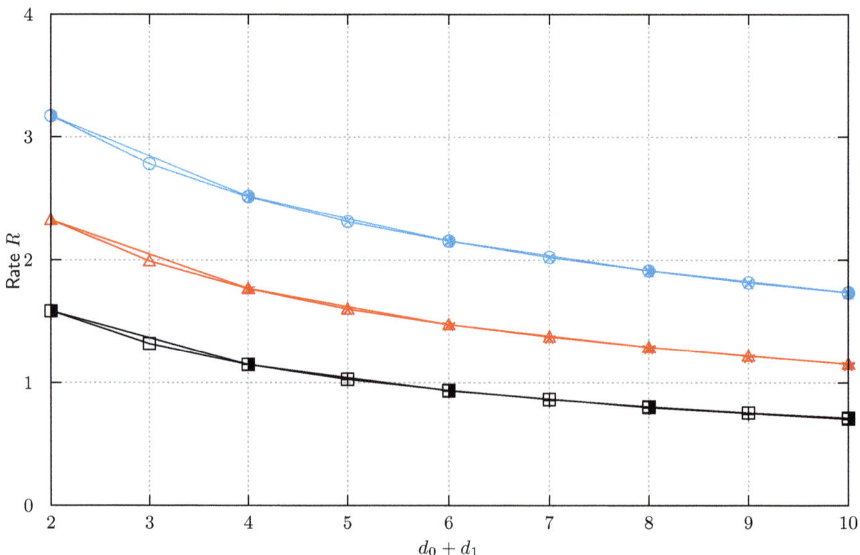

(b) CSIM mit wechselseitigem Umschalten

Abbildung 3.30: Nicht normierte Modulationsraten

nach Abbildung 3.12 angeführt. Die Kurvenverläufe erreichen asymptotisch die unnormierten Ratenergebnisse aus Abbildung 3.30.

In den dargestellten Ergebnissen können jeweils drei Scharen mit den Parametern $d_0 + d_1 = 2$, $d_0 + d_1 = 4$ und $d_0 + d_1 = 8$ identifiziert werden, welche jeweils für hohes SNR zu den in Abbildung 3.30 angegebenen Modulationsraten konvergieren. Innerhalb dieser Scharen ergibt sich in allen untersuchten Fällen für $d_1 = 1$ die höchste und für $d_0 = 1$ die geringste Leistungsfähigkeit. Dieses Verhalten deckt sich mit den Pulsformungsgewinnen und bestätigt damit ihre Relevanz bezüglich der Leistungsfähigkeit der Modulationsverfahren. Im ersten Moment mag überraschen, dass mit ansteigendem $d_0 + d_1$ sowohl die Leistungsfähigkeit der Modulationsverfahren als auch die unnormierte Modulationsrate absinkt. Diese Beobachtung kann jedoch als Abtausch von Leistungseffizienz und sendeseitiger Modulationsrate interpretiert werden, denn die normierten Raten zeigen ein genau gegenläufiges Verhalten.

In den meisten Fällen ist der Einsatz von CSIM mit $d_1 = 1$ anzuraten, da in diesem Fall bei konstant gewähltem $d_0 + d_1$ die Ratenzunahme am größten und zugleich aufgrund der Pulsformung die Leistungseffizienz maximal ist.

Bezüglich der bisher unberücksichtigten, indirekten SNR-Verbesserung aufgrund der durch CSIM reduzierten Umschalthäufigkeit soll die nachfolgende Betrachtung angestellt werden. Hierbei wird von einer Datenübertragung mit $50\,\mathrm{MBit/s}$ bei einer am Sender zur Verfügung stehenden Gesamtleistung von $20\,\mathrm{W}$ und von einer Leistungsaufnahme pro Umschaltvorgang nach (1.17) von $0{,}23\,\mu\mathrm{W}$ ausgegangen. Bei Einsatz von OOK ergibt sich unter diesen Voraussetzungen eine Schaltleistung am Sender von etwa $11\,\mathrm{W}$, welche nicht zu Kommunikationszwecken zur Verfügung steht. Diese kann durch die Nutzung von CSIM mit $\|S\|_L \approx 0{,}1$ auf etwa $2\,\mathrm{W}$ reduziert werden, so dass sich im Vergleich zu OOK eine Erhöhung der optischen Ausgangsleistung und damit auch des resultierenden SNR von $3\,\mathrm{dB}$ ergibt.

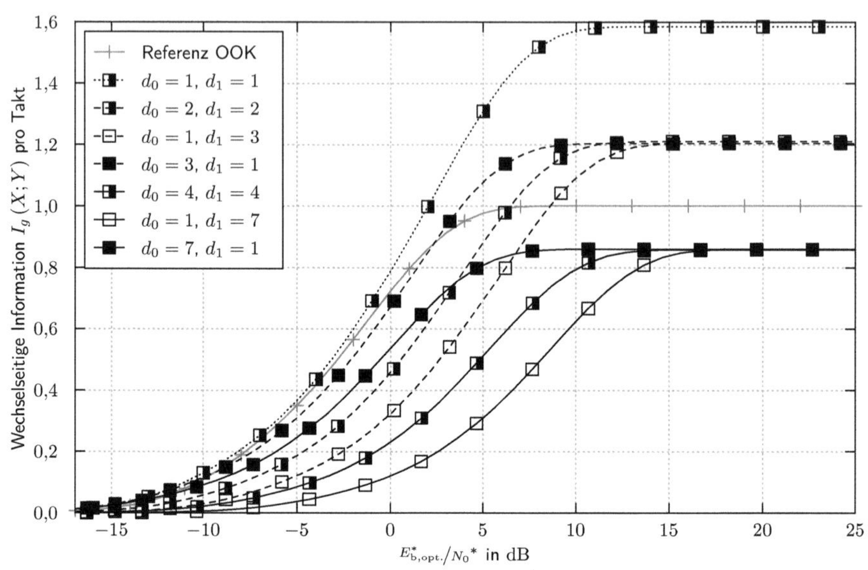


(a) CSIM ohne wechselseitiges Umschalten

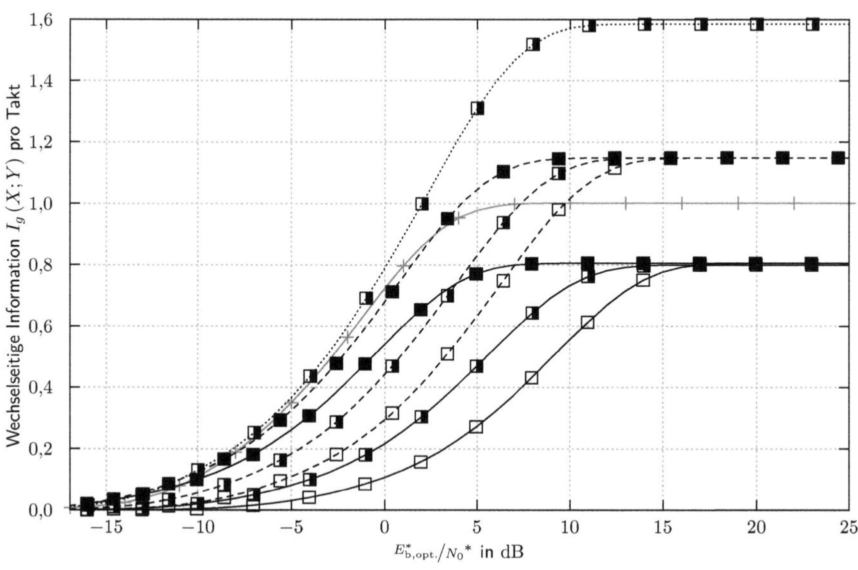


(b) CSIM mit wechselseitigem Umschalten

Abbildung 3.31: Wechselseitige Information von CSIM mit $L = 2$

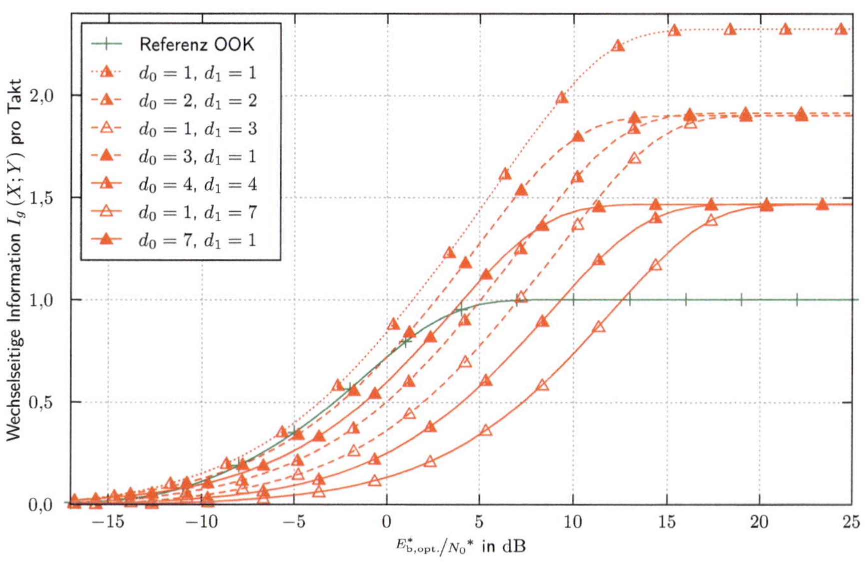

(a) CSIM ohne wechselseitiges Umschalten

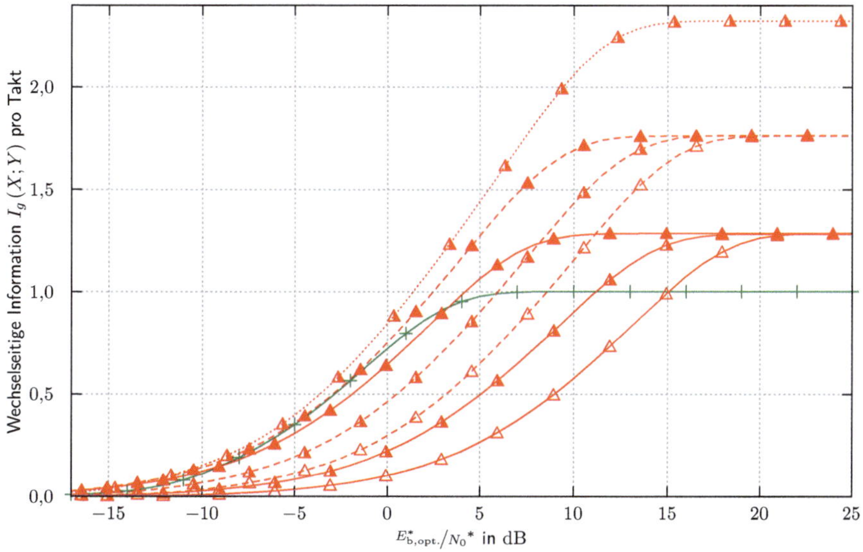

(b) CSIM mit wechselseitigem Umschalten

Abbildung 3.32: Wechselseitige Information von CSIM mit $L = 4$

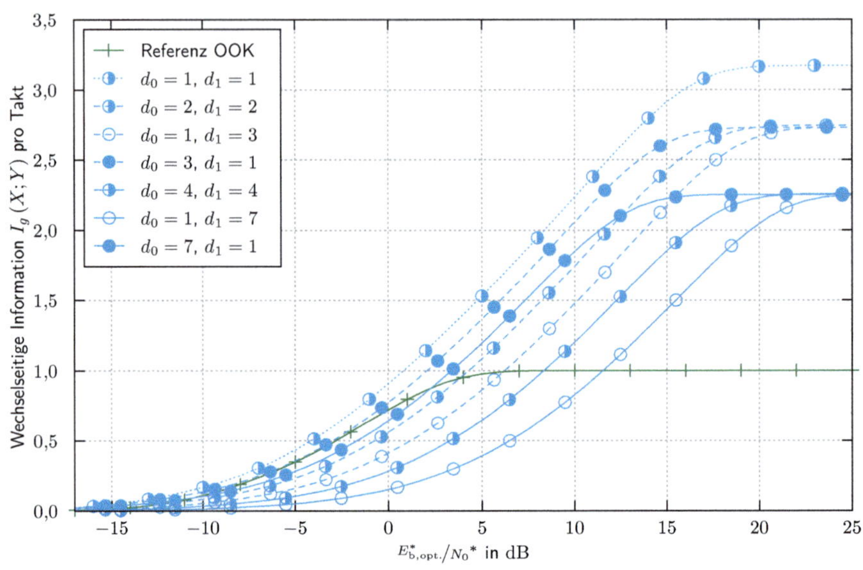

(a) CSIM ohne wechselseitiges Umschalten

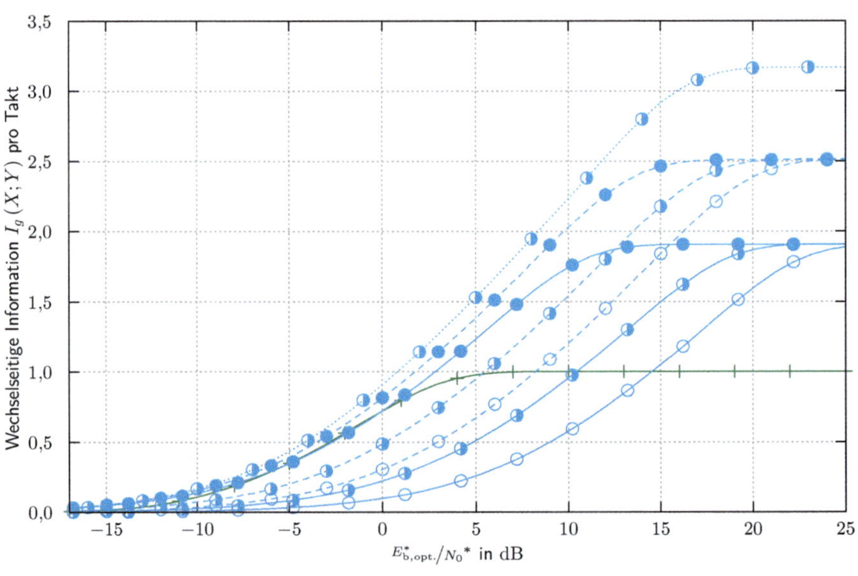

(b) CSIM mit wechselseitigem Umschalten

Abbildung 3.33: Wechselseitige Information von CSIM mit $L = 8$

**4**

# Codierverfahren

Ausgehend vom CSIM-Modulationsverfahren wird in diesem Kapitel ein entsprechend angepasstes Codierverfahren entwickelt. Denn die Struktur des CSIM-Modulationsgraphen ist insofern irregulär, als die Knoten eine unterschiedliche Anzahl von ausgehenden Pfaden aufweisen (siehe etwa Abbildung 3.23) und demzufolge keine direkte Zuordnung einer Infosequenz angegeben werden kann. In der Literatur werden verschiedenste Verfahren zur Erzeugung von Codes vorgeschlagen. Zwei wichtige Vertreter sind die Verschiebungscodes (sliding-block code, SBC) [ACH83] sowie die Codekonstruktion mit dem Eliminationsalgorithmus nach Franaszek [Fra69; Fra68]. Wir haben ausschließlich den zweiten Ansatz (vgl. auch [FWH18]) verfolgt, da eine vergleichsweise unkomplizierte Implementierung möglich ist und die exemplarisch erzeugten Codes eine hinreichende Leistungsfähigkeit aufweisen.

## 4.1 Codekonstruktion nach Franaszek

In Anlehnung an die Länge der Info- und Codesequenzen $K$ und $N$ bezeichnen wir die Länge der einzelnen Modulationsblöcke mit $N'$ und die Länge der zugehörigen Quellwörter mit $K'$. Das

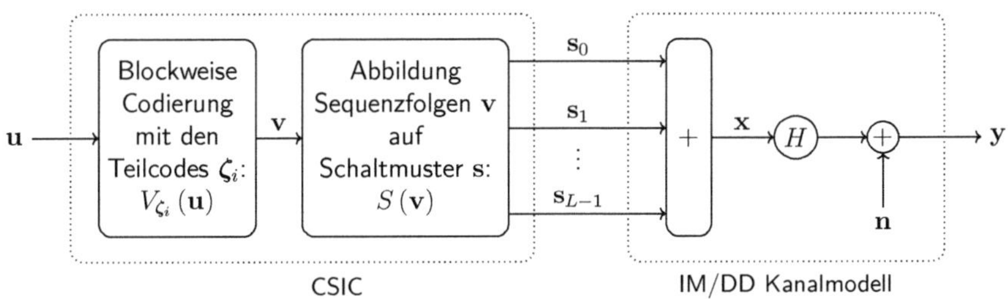

Abbildung 4.1: Modell der CSIC-basierten Kommunikation

nachfolgend vorgestellte Verfahren erzeugt einen blockweise decodierbaren Code mit einer Rate von $K'/N'$ und ganzzahligen Codewortlängen. Für die Notation gelte allgemein:

$$\sum\nolimits_{L} (d_0, d_1, k_0, k_1) - K'/N'. \tag{4.1}$$

Nach [Fra69] existiert ein Code unter der Bedingung, dass eine Menge an sogenannten fundamentalen Zuständen (principle state, PS) identifiziert werden kann, wobei jeder PS mindestens $2^{K'}$ Nachfolger aufweisen muss, damit eine universelle Codierbarkeit sichergestellt ist. Hierzu werden solange diejenigen Einträge zu den Knoten $v^i$ in $\mathbf{D}^{N'}$ eliminiert, welche das Kriterium $\sum_j d_{i,j} \geq 2^{K'}$ nicht erfüllen, bis entweder keine Einträge in $\mathbf{D}^{N'}$ mehr existieren und entsprechend kein Code konstruiert werden kann oder die verbleibenden Knoten alle das Kriterium erfüllen und folglich die Menge der PSs bilden. Diese PSs können als Ankerpunkte der Modulationsblöcke aufgefasst werden, sodass es sich bei dem ersten und letzten Eintrag eines jeden Modulationsblocks um einen PS handelt. Der nachfolgend als Superpositionscodierung mit Einschränkungen (constrained superposition intensity coding, CSIC) bezeichnete Code besteht entsprechend aus zustandsabhängigen Teilcodes $\boldsymbol{\zeta}_i = \left[ \boldsymbol{\zeta}_{i,0}, \dots, \boldsymbol{\zeta}_{i,2^{K'}-1} \right]$, welche sich durch die Auswahl von $2^{K'}$ Kandidaten aus der Menge der möglichen Sequenzabfolgen $\mathcal{S}_i = \sum_j d_{i,j}$ ergeben.

In Rahmen dieser Arbeit wurden zwei mögliche Auswahlverfahren verglichen, um die Relevanz der Sequenzauswahl abzuschätzen. An dieser Stelle sei angemerkt, dass in der Literatur diesbezüglich keine Methoden ausfindig gemacht werden konnten, vermutlich da meist der Aspekt der Sequenzanpassung im Vordergrund steht und rauschfreie Übertragungskanäle angenommen werden können. Zum Zweck der Sequenzauswahl werden die Sequenzfolgen anhand ihres Pulsformungsgewinnes sortiert und eine Teilmenge der $\mathcal{S}_i^* \geq 2^{K'}$ wertmäßig größten Einträge ausgewählt. Aus diesen werden alle $M_i = \binom{\mathcal{S}_i^*}{2^{K'}}$ realisierbaren Teilcodes $\tilde{\boldsymbol{\zeta}}_{i,m}$ mit $m = 0, \dots, M_i - 1$ der Mächtigkeit $2^{K'}$ nach dem Verfahren „Ziehen ohne zurücklegen" bestimmt und als Auswahlkriterium wird das nachfolgend beschriebene Abstandsmaß zugrunde gelegt.

**Distanzprofil** $W\left(\tilde{\boldsymbol{\zeta}}_{i,m}\right) = \left[ w\left(\tilde{\boldsymbol{\zeta}}_{i,m}\right)_1 \dots, w\left(\tilde{\boldsymbol{\zeta}}_{i,m}\right)_{L^2 N'} \right]$ kann bestimmt werden, indem alle $2^{K'}$ Sequenzkandidaten aus $\tilde{\boldsymbol{\zeta}}_{i,m}$ gegeneinander verglichen werden. Die Distanzhäufigkeit $w\left(\tilde{\boldsymbol{\zeta}}_{i,m}\right)_n$ gibt an, wie viele Sequenzen sich um ein Betragsquadrat von $n$ unterscheiden.

Die Auswahl erfolgt nach Algorithmus 2. Diesem Verfahren liegt die Idee zugrunde, das Distanzprofil bezüglich der Anzahl der Einträge mit betragsmäßig identischer Differenz zu vergleichen. Ausgehend von der Anzahl der Stellen mit einer Differenz von $o = 1$ wird der Suchradius $o$ iterativ vergrößert, und die jeweils „schlechteren" Codekandidaten werden verworfen. Nach $N'$ Runden verbleiben in $\mathbf{T}$ der Index bzw. die Indizes der nach dem Auswahlkriterium „besten" Codekandidaten, von denen dann willkürlich der erste als Teilcode $\boldsymbol{\zeta}_i$ ausgewählt wird. Da die Anzahl der Codekandidaten für umfangreichere Codes, wie den $\sum_5 (6, 2, \infty, \infty) |_0^4 - 6/5$

---

**Algorithmus 2 :** Bestimmung eines Teilcodes $\zeta_i$ mit einer vorteilhaften Gewichtsverteilung aus den Codekandidaten $\tilde{\zeta}_{i,m}$

---

$\mathbf{T} = [[t_j]] = [0, \ldots, M_i - 1]$      /* Indizes der Teilcodekandidaten $\tilde{\zeta}_{i,m}$ */
**for** $o = 1$ **to** $L^2 N'$ **do**
    $\bar{w}_{\min} = \infty$
    **for** $j = 0$ **to** $\operatorname{len}(\mathbf{T})\text{-}1$ **do**
       $\bar{w} = \sum_{n=1}^{o} w\left(\tilde{\zeta}_{i,t_j}\right)_n$
       **if** $\bar{w} < \bar{w}_{\min}$ **then**
          $\bar{w}_{\min} = \bar{w}$
          $\mathbf{T}^* = [t_j]$      /* Besserer Kandidat ersetzt die bisherigen */
       **else if** $\bar{w} = \bar{w}_{\min}$ **then**
          $\mathbf{T}^* = [\mathbf{T}^*, t_j]$      /* Gleich guter Kandidat wird angehängt */
       **end**
    **end**
    $\mathbf{T} = \mathbf{T}^*$      /* Indizes der verbleibenden Kandidaten */
**end**
$\zeta_i = \tilde{\zeta}_{i,t_0}$      /* Willkürliche Auswahl des ersten Kandidaten */

---

Code, eine vollständige Suche unmöglich machen, wurde stattdessen eine randomisierte Auswahl implementiert. Wie aus den Abbildungen 4.2a und 4.2b ersichtlich, konvergiert das Ergebnis bereits für eine geringe Anzahl von $r$ Codekandidaten gegen das für den $\sum_2 (1, 2, 2, 3) - 2/3$ Beispielcode bestimmbare, globale Optimum.

Zur Bestimmung der Relevanz der Codeselektion wurden in einem alternativen Ansatz, welcher in Folge mit nicht optimiert (not optimized, NO) in den Ergebnissen bezeichnet wird, die ersten $2^{K'}$ Codewörter aus der Menge der möglichen Sequenzabfolgen als Teilcode ausgewählt. Als Vergleichskriterium wird nachfolgend die Zustandsfehlerrate (state error rate, ZFR) anstelle der Bitfehlerrate (bit error rate, BFR) genutzt, um mögliche Einflüsse des „labelings", also der Zuordnung von Bitfolgen zu Symbolfolgen, auszuschließen. Die Zustandsfehlerkurven in den Abbildungen 4.3 und 4.2b zeigen für die zwei exemplarisch ausgewählte Codes unabhängig von den drei verschiedenen Decodiermethoden eine Verbesserung der Leistungsfähigkeit bei Einsatz des Optimierungsalgorithmus.

## Codekonstruktion anhand eines Beispieles

Die Codekonstruktion sei anhand eines $\sum_2 (1, 2, 2, 3)$-CSIM-Modulators verdeutlicht, auf dessen Grundlagen wir einen Rate $2/3$ Code mit $K' = 2$ und $N' = 3$ herleiten werden. In der Graphendarstellung des CSIM-Modulators in Abbildung 4.4 sind zur Nachvollziehbarkeit der folgenden

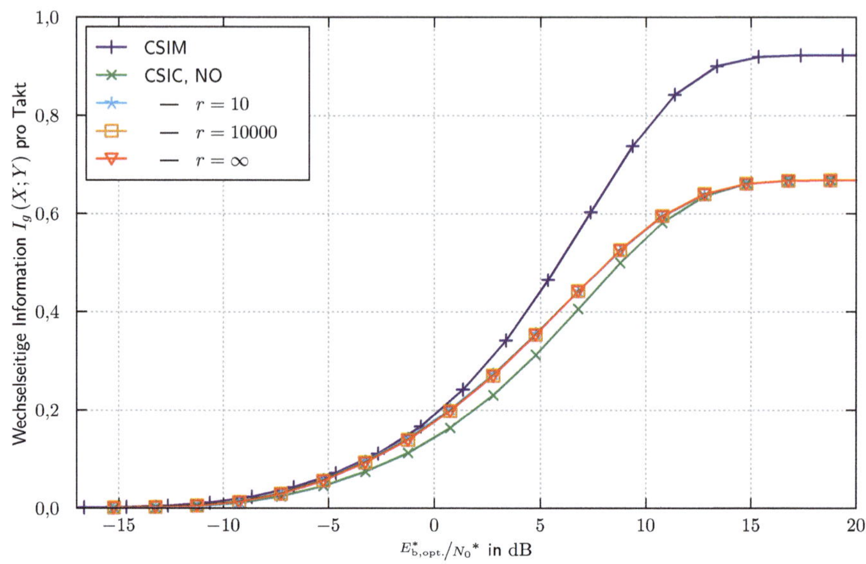



(a) Optimierung in Hinblick auf die Codewortauswahl

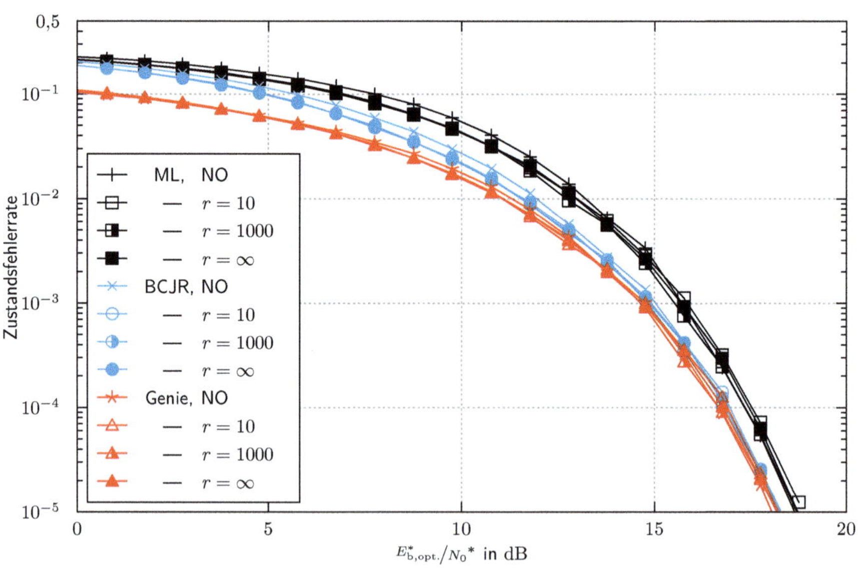



(b) Zustandsfehlerverhalten für die unterschiedlichen Decodieransätze

Abbildung 4.2: Ergebnisse zu dem $\sum_2 (1, 2, 2, 3) - {}^2\!/_3$ Code

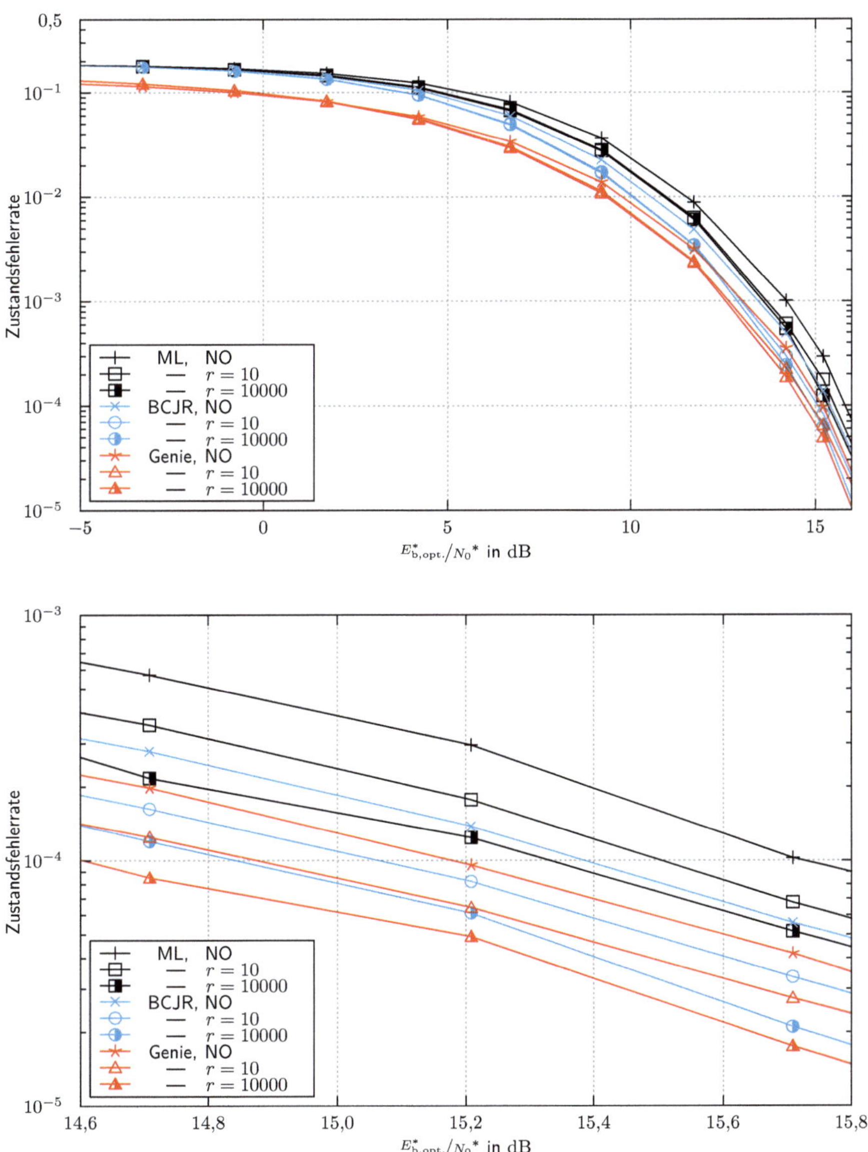

Abbildung 4.3: Optimierung des $\sum_5 (6, 2, \infty, \infty)\,|_0^4 - {}^6/_5$ Codes in Hinblick auf die Codewortauswahl

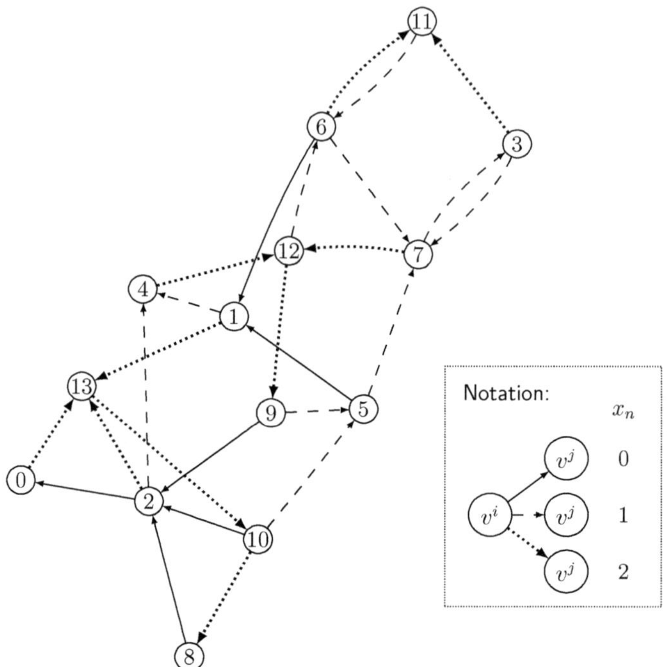



Abbildung 4.4: $\sum_2 (1,2,2,3)$-CSIM-Graph mit Angabe der Knotenindizes

Erläuterung die Knotenindizes $i$ eingetragen, welche wie folgt eindeutig einer Sendeamplitude

$$x = \begin{cases} 0 & i = 0,\ldots,2 \\ 1 & i = 3,\ldots,7 \\ 2 & i = 8,\ldots,13 \end{cases}$$

zugeordnet werden können. Entsprechend kann für die Schaltmuster

$$\mathbf{s} = \begin{cases} [0,0] & i = 0,\ldots,2 \\ [0,1] & i = 3,5,6,7 \\ [1,0] & i = 4 \\ [1,1] & i = 8,\ldots,13 \end{cases}$$

angegeben werden. Die Abfolge der Einträge in der Verbindungsmatrix folgt ebenfalls dieser Indizierung. Im ersten Schritt wird ausgehend von der Verbindungsmatrix

$$
D = \begin{bmatrix}
0 & 0 & 0 & 0 & 0 & 0 & 0 & 0 & 0 & 0 & 0 & 0 & 0 & 1 \\
0 & 0 & 0 & 0 & 1 & 0 & 0 & 0 & 0 & 0 & 0 & 0 & 0 & 1 \\
1 & 0 & 0 & 0 & 1 & 0 & 0 & 0 & 0 & 0 & 0 & 0 & 0 & 1 \\
0 & 0 & 0 & 0 & 0 & 0 & 0 & 1 & 0 & 0 & 0 & 1 & 0 & 0 \\
0 & 0 & 0 & 0 & 0 & 0 & 0 & 0 & 0 & 0 & 0 & 0 & 1 & 0 \\
0 & 1 & 0 & 0 & 0 & 0 & 0 & 1 & 0 & 0 & 0 & 0 & 0 & 0 \\
0 & 1 & 0 & 0 & 0 & 0 & 0 & 1 & 0 & 0 & 0 & 1 & 0 & 0 \\
0 & 0 & 0 & 1 & 0 & 0 & 0 & 0 & 0 & 0 & 0 & 0 & 1 & 0 \\
0 & 0 & 1 & 0 & 0 & 0 & 0 & 0 & 0 & 0 & 0 & 0 & 0 & 0 \\
0 & 0 & 1 & 0 & 0 & 1 & 0 & 0 & 0 & 0 & 0 & 0 & 0 & 0 \\
0 & 0 & 1 & 0 & 0 & 1 & 0 & 0 & 1 & 0 & 0 & 0 & 0 & 0 \\
0 & 0 & 0 & 0 & 0 & 0 & 1 & 0 & 0 & 0 & 0 & 0 & 0 & 0 \\
0 & 0 & 0 & 0 & 0 & 0 & 1 & 0 & 0 & 1 & 0 & 0 & 0 & 0 \\
0 & 0 & 0 & 0 & 0 & 0 & 0 & 0 & 0 & 0 & 1 & 0 & 0 & 0
\end{bmatrix}
$$

des CSIM-Modulators die Potenzmatrix $D^{N'}$

$$
D^3 = \begin{bmatrix}
0 & 0 & 1 & 0 & 0 & 1 & 0 & 0 & 1 & 0 & 0 & 0 & 0 & 0 \\
0 & 0 & 1 & 0 & 0 & 1 & 1 & 0 & 1 & 1 & 0 & 0 & 0 & 0 \\
0 & 0 & 1 & 0 & 0 & 1 & 1 & 0 & 1 & 1 & 1 & 0 & 0 & 0 \\
0 & 1 & 0 & 0 & 0 & 0 & 1 & 2 & 0 & 1 & 0 & 2 & 0 & 0 \\
0 & 1 & 1 & 0 & 0 & 1 & 0 & 1 & 0 & 0 & 0 & 1 & 0 & 0 \\
0 & 0 & 0 & 0 & 0 & 0 & 1 & 1 & 0 & 1 & 1 & 1 & 1 & 0 \\
0 & 1 & 0 & 0 & 0 & 0 & 1 & 2 & 0 & 1 & 1 & 2 & 1 & 0 \\
0 & 1 & 1 & 1 & 0 & 1 & 1 & 1 & 0 & 0 & 0 & 1 & 1 & 0 \\
0 & 0 & 0 & 0 & 0 & 0 & 0 & 0 & 0 & 0 & 1 & 0 & 1 & 1 \\
0 & 0 & 0 & 1 & 1 & 0 & 0 & 0 & 0 & 0 & 1 & 0 & 2 & 2 \\
1 & 0 & 0 & 1 & 2 & 0 & 0 & 0 & 0 & 0 & 1 & 0 & 2 & 3 \\
0 & 0 & 0 & 1 & 1 & 0 & 1 & 0 & 0 & 0 & 0 & 0 & 1 & 1 \\
1 & 1 & 0 & 1 & 2 & 0 & 1 & 1 & 0 & 0 & 0 & 0 & 1 & 2 \\
1 & 1 & 1 & 0 & 1 & 0 & 0 & 1 & 0 & 0 & 0 & 0 & 0 & 1
\end{bmatrix}
$$

bestimmt. Die Zeilensummen entsprechen der Anzahl an möglichen Sequenzen der Länge $N'$ ausgehend von dem Zustand mit dem jeweiligen Zeilenindex. Da die Zuständen $0$ und $8$ nicht mindestens $2^{K'} = 4$ Nachfolger aufweisen, handelt es sich bei diesen nicht um PSs. Die Menge der PSs umfasst die verbleibenden Zustandsindizes

$$[1, 2, 3, 4, 5, 6, 7, 9, 10, 11, 12, 13] \, .$$

Zu berücksichtigen ist ferner, dass es sich bei dem Terminierungsknoten nach (3.54) (in unserem Fall $v^{\text{term.}} = 2$) des CSIM-Modulationsverfahrens um einen PS handeln muss, denn andernfalls ist kein gültiger Startzustand für die Codierung definiert.

In einem nächsten Schritt werden alle erzeugbaren Zustandssequenzen der Länge $N' + 1$ aus dem CSIM-Graph extrahiert und diejenigen verworfen, welche nicht in einem PS beginnen und in einem solchen enden. Für den Zustand 2 sind z. B. die Abfolgen

$$[2, 0, 13, 10], [2, 4, 12, 6], [2, 4, 12, 9], [2, 13, 10, 2], [2, 13, 10, 5], [2, 13, 10, 8]$$

realisierbar. Der jeweils letzte Zustand einer Sequenz entspricht dem Ausgangszustand der nachfolgenden Sequenz. Da die letzte Sequenz nicht in einem gültigen Zustand endet, verbleiben die nach $\kappa$ abfallend angeordneten Zustandsfolgen

$$[2, 0, 13, 10], [2, 13, 10, 2], [2, 4, 12, 6], [2, 4, 12, 9], [2, 13, 10, 5]$$

mit den zugehörigen Impulsformungswerten

$$[1{,}5, \; 1{,}5, \; 1{,}125, \; 1{,}08, \; 1{,}08] \, .$$

Da der Anfangszustand zugleich der Endzustand der vorherigen Folge ist wird dieser bei der Berechnung des Pulsformungsgewinns nicht berücksichtigt. In diesem Beispiel kann die Menge der Sequenzfolgen nicht weiter reduziert werden, so dass die möglichen Teilcodes $\tilde{\zeta}_{2,m}$ mittels Kombination zu

$$\tilde{\zeta}_{2,0} = \{[2, 0, 13, 10], [2, 4, 12, 6], [2, 4, 12, 9], [2, 13, 10, 2]\}$$
$$\tilde{\zeta}_{2,1} = \{[2, 0, 13, 10], [2, 4, 12, 6], [2, 4, 12, 9], [2, 13, 10, 5]\}$$
$$\tilde{\zeta}_{2,2} = \{[2, 0, 13, 10], [2, 4, 12, 6], [2, 13, 10, 2], [2, 13, 10, 5]\}$$
$$\tilde{\zeta}_{2,3} = \{[2, 0, 13, 10], [2, 4, 12, 9], [2, 13, 10, 2], [2, 13, 10, 5]\}$$
$$\tilde{\zeta}_{2,4} = \{[2, 4, 12, 6], [2, 4, 12, 9], [2, 13, 10, 2], [2, 13, 10, 5]\}$$

bestimmt werden können. Auf Grundlage der Abstandsverteilung wird von diesen Kandidaten der Eintrag $\tilde{\zeta}_{2,3}$ als Teilcode $\zeta_2$ ausgewählt. Der resultierende Codegraph ist in Abbildung 4.5 abgebildet.

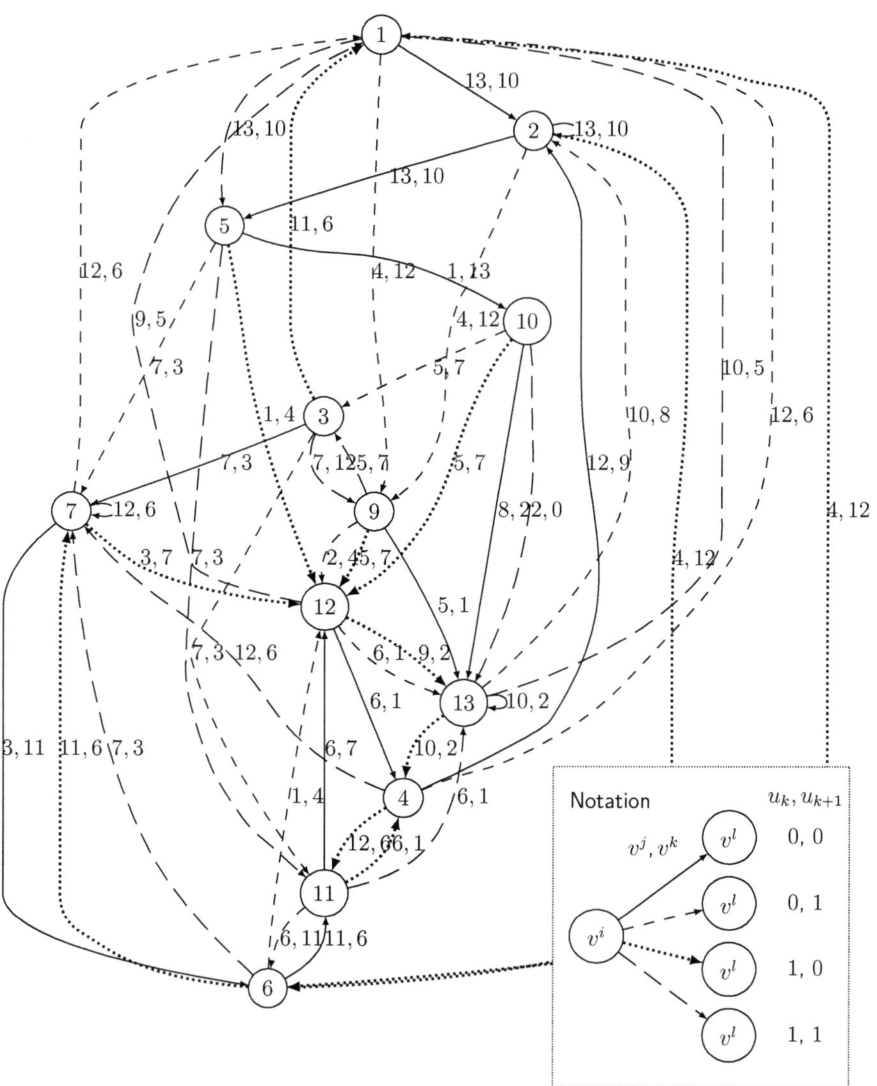



Abbildung 4.5: $\sum_2 (1, 2, 2, 3) - {}^2/_3$ CSIC-Graph mit Angabe der Zustandindizes

## 4.2 Codierung

Auf Basis der bestimmten Teilcodes kann die blockweise Codierung nach Algorithmus 3 erfolgen.

---

**Algorithmus 3 :** CSIC-Modulations/Codiervorschrift

$i = v^{\text{term.}}$        /* Terminierungszustand als Ausgangszustand */
$\mathbf{v} = [\,]$        /* Speicher für resultierende Zustandsabfolge */
**for** $k = 0$ **to** $K/K' - 1$ **do**

$\quad \mathbf{v}^* = V_{\zeta_i}\left(\left[u_{k\cdot K'}, \ldots, u_{(k+1)K'-1}\right]\right)$

$\quad \mathbf{v} = [\mathbf{v}, \mathbf{v}^*]$        /* Neuer Zustandsblock wird angehängt */

$\quad i = v_{(k+1)N'-1}$        /* Endzustand indiziert den nächsten Teilcode */
**end**

---

Es bezeichne dabei $\mathbf{v}$ eine resultierende Zustandsfolge, welche zur Aussendung auf eine entsprechende Schaltsequenz abgebildet bzw. am Demodulator als Sendeamplitudenfolge dargestellt werden kann. Der zugehörige Quellsequenzabschnitt sei mit $\mathbf{u}_i$ gegeben und $V_{\zeta_i}(\mathbf{u})$ sei eine Zuordnungsvorschrift, welche die Abbildung der Quellsequenzblöcke auf die zugehörigen Zustandswörter beschreibt. Als Zuordnungsvorschrift $S(\mathbf{v})$ für die Abbildung der Zustandsfolgen auf die Bitfolgen wurde im Rahmen dieser Arbeit „natural binary labeling" gewählt. Dies bedeutet, dass die Einträge in $\zeta_i$ mit ihrem Index codiert werden. An dieser Stelle wäre eine weitere Optimierung des Codes hinsichtlich der Zuordnungsvorschrift denkbar, aber bei Einsatz eines nachgeschalteten, fehlerkorrigierenden Codes ergibt sich typischerweise durch eine solche Maßnahme keine weitere Leistungsverbesserung.

## 4.3 Decodierverfahren

### 4.3.1 Blockweise ML-Decodierung

Der nahe liegende Decodieransatz ist eine blockweise Verarbeitung nach der Methode der größten Plausibilität (maximum likelihood, ML), dargestellt in Algorithmus 4. Eine wesentliche Eigenschaft der CSIC-Codes ist die Abhängigkeit des Decodiervorgangs vom geschätzten Endzustand des vorhergehenden Zustandblocks. Im Allgemeinen besteht deshalb das Risiko eines „katastrophalen Codes", da nämlich ein falsch geschätzter PS zu einer unendlich langen Kette an Folgefehlern führen kann. Simulationsergebnisse zu der Länge der Fehlerpfade zeigen jedoch, dass die CSIC-Codes dieses Verhalten nicht aufweisen, sondern nach wenigen Folgefehlern in den korrekten Zustand zurückkehren. Ein Grund ist, dass die Anzahl der PSs endlich ist und die Decodierung einem Random-Walk über dem Graphen ähnelt, so dass der Decodierer nach einer endlichen Zahl von Folgesymbolen zufällig in den korrekten Zustand zurückkehrt. Dieses Erklärungsmodell

---

**Algorithmus 4** : Blockweise CSIC-Demodulation/Decodierung

---

$i = v^{\text{term.}}$               `/* Terminierungszustand als Ausgangszustand */`

$\hat{\mathbf{u}} = [\,]$                      `/* Geschätzte Quellsequenz */`

**for** $n = 0$ **to** $N/N' - 1$ **do**

$\quad \tilde{\mathbf{X}}_i = \sum_{l=0}^{L-1} S\left(\boldsymbol{\zeta}_i\right)$         `/* Sendesequenzhypothesen zu Teilcode $\zeta_i$ */`

$\quad \hat{\boldsymbol{\zeta}} = \operatorname{argmin}_{\zeta_i;\tilde{\mathbf{x}}_i \in \tilde{\mathbf{X}}_i} \left\| \tilde{\mathbf{x}}_i - \left[ y_{nN'}, \ldots, y_{(n+1)N'-1} \right] \right\|_2$   `/* Geschätztes Codewort */`

$\quad \hat{\mathbf{u}} = \left[ \hat{\mathbf{u}}, U\left(\hat{\boldsymbol{\zeta}}\right) \right]$

$\quad i = \hat{\boldsymbol{\zeta}}_{N'-1}$     `/* Geschätzter Endzustand indiziert nächsten Teilcode */`

**end**

---

ist für sich genommen nicht ausreichend, da z. B. der $\sum_5 (6, 2, \infty, \infty) \big|_0^4 - {}^6\!/_5$ Beispielgraph 531 PSs aufweist, jedoch die wahrscheinlichste Fehlerpfadlänge nur 2 beträgt. Diese Eigenschaft lässt sich mit einem inhärenten Rückführungsverhalten der CSIC-Codestruktur erklären. So führen z. B. für den in Abbildung 4.6 gezeigten Beispielcode alle Pfade mit der Amplitudenfolge $[2, 2, 0]$ auf einen Zustand, so dass für dieses Beispiel der Decodierer mit einer Wahrscheinlichkeit von $^1\!/_3$ in den korrekten Zustand zurückkehrt. Mit dem fehlerrückführenden Verhalten der untersuchten CSIC-Codes ist die Verwendung des blockweisen Decodieransatzes praktikabel und bietet entsprechend eine sehr aufwandsgünstige Möglichkeit der Decodierung. Zur Abschätzung des Einflusses der Zustandsschätzung sind in Abbildung 4.3 die Zustandsfehlerkurven bei als bekannt angenommenen Vorläuferzuständen (hier als „Genie" bezeichnet) den Ergebnissen mit geschätzten Vorläuferzuständen gegenüber gestellt. Diese zeigen bei einer ZFR von $10^{-5}$ einen Verlust von $\approx 0{,}5\,\text{dB}$.

## 4.3.2 Sequenzschätzung mit BCJR

Ein Möglichkeit, die Leistungsfähigkeit der Decodierung zu erhöhen, besteht darin, anstelle der blockweisen Verarbeitung eine Sequenzschätzung mit dem BCJR [BCJR74] Algorithmus durchzuführen. Zu diesem Zweck werden alle Codewörter der Teilcodes $\zeta_i$ als Zustände in einem Trellis erfasst. Entsprechend ergeben sich $2^{K'}\mathcal{P}$ Zustände, wobei $\mathcal{P}$ für die Anzahl der PSs steht und jeder Zustand $2^{K'}$ Nachfolger aufweist. Wir weichen von [BCJR74] nur in soweit ab, als die Pfadmetrik nicht einzelne Symbole, sondern Codeblöcke umfasst und anstelle des Nullzustandes der Terminierungszustand $v^{\text{term.}}$ als Start- und Endzustand zu berücksichtigen ist. Aus numerischen Gründen erfolgt die Berechnung mit dem log-MAP Ansatz [RVH95]. Die Simulationsergebnisse in den Abbildungen 4.3 und 4.2b zeigen, dass die BCJR-Implementierung nahezu die „Genie"-Ergebnisse mit komplettem Vorwissen über die Vorläuferzustände erreicht.

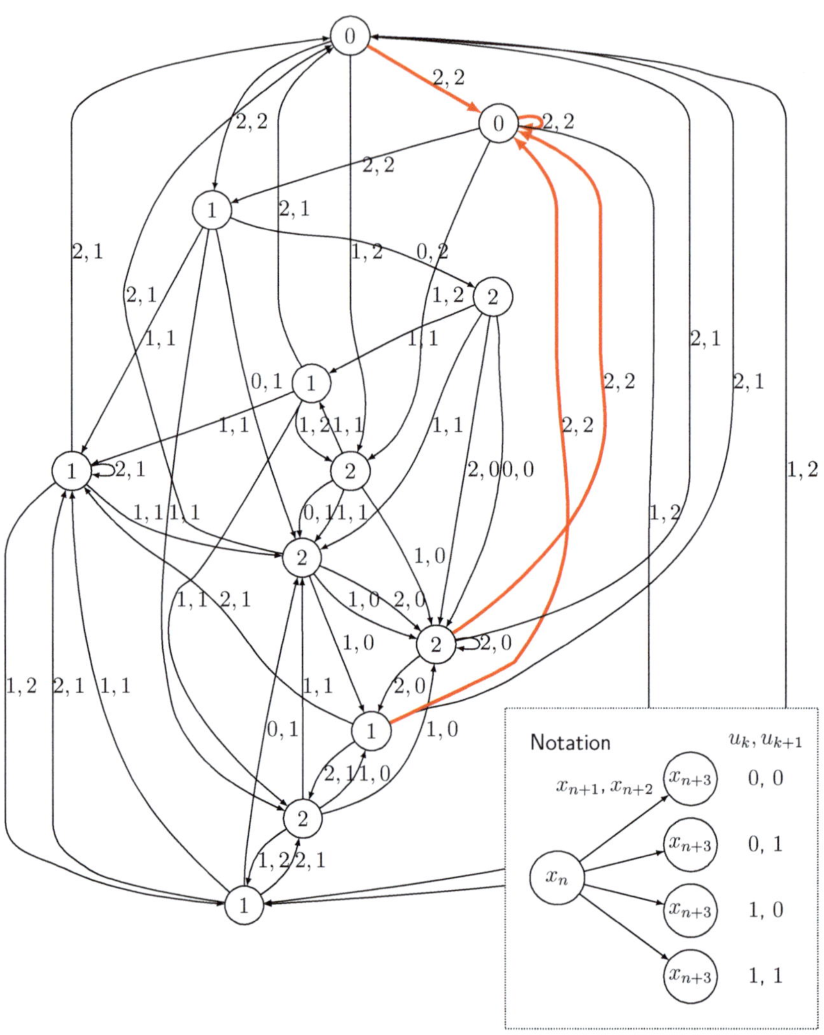



Abbildung 4.6: $\sum_2 (1, 2, 2, 3) - {}^2/_3$ CSIC-Graph mit Angabe der Sendeamplituden. Die Amplitudenfolgen $[2, 2, 0]$ sind zur Erklärung der Fehlerbegrenzung nach Abschnitt 4.3.1 rot eingefärbt.

## 4.4 Auswertung

In diesem Kapitel wird ein Codierverfahren vorgeschlagen, welches auf Basis der CSIM-Graphenbeschreibung eine Codestruktur ableitet und auf diese Weise eine Datenübertragung nach dem Prinzip der Superposition beschränkter Sequenzen ermöglicht. Zu diesem Zweck wird der zugrunde liegende Graph zuerst expandiert, und dann werden in einem zweiten Schritt solange Zustände entfernt, bis sich eine gültige Codiervorschrift ergibt. Infolgedessen reduziert sich, je nach gewähltem Expansionsfaktor, die erreichbare Modulationsrate. Für den $\sum_5 (6, 2, \infty, \infty) \mid_0^4 - {}^6/_5$ Code beträgt die Rateneffizienz z. B. $83\,\%$, da das zugehörige CSIM-Verfahren eine Modulationsrate von $\approx 1{,}442\,{}^{\mathrm{Bit}}/_{\mathrm{Takt}}$ aufweist. Mit zunehmender Codekomplexität reduziert sich der Ratenverlust.

Des Weiteren wurde ein Verfahren zur Codeoptimierung auf Basis von Impulsfomungsfaktoren und Abstandsmaßen entwickelt. Die Simulationsresultate zeigen leider nur einen vergleichsweise kleinen Gewinn gegenüber den nicht optimierten Codes. Andererseits erlaubt die Implementierung als randomisierter Algorithmus eine aufwandsgünstige Umsetzung des Optimierungsverfahrens, so dass ein Einsatz der Methode trotz der eher geringen Leistungssteigerung lohnenswert erscheint.

Deutlich größer sind die Unterschiede beim Einsatz der unterschiedlichen Decodierverfahren. Insbesondere können mit der Nutzung des BCJR-Algorithmus deutliche Gewinne gegenüber der klassischen ML-Decodierung erreicht werden. Der Vorteil des BCJR-Verfahrens ist, dass sich ein größerer Codiergewinn durch die Ausnutzung aller Abhängigkeiten innerhalb des Graphen ergibt, während das ML-Verfahren auf die Auswertung der Abhängigkeiten innerhalb eines Blockes beschränkt ist. Mit zunehmendem $N'$ ist eine Annäherung der ML- an die BCJR-Ergebnisse zu erwarten, da mit zunehmender Blocklänge der Anteil bei der ML-Decodierung berücksichtigten Abhängigkeiten innerhalb des Modulationsgraphen zunimmt.

# Teil III

# Realisierung einer optischen Unterwasserübertragungsstrecke

Die Idee der Realisierung eines optischen Unterwassermodems, im Folgenden als openBlue
bezeichnet, geht auf die Anstrengungen zur Entwicklung eines autonomen Unterwasserfahrzeuges
(autonomous underwater vehicle, AUV) am Lehrstuhl für Informations- und Codierungstheorie
der Christian-Albrechts-Universität zu Kiel zurück. Insbesondere die hochratige und latenzarme
Datenübertragung über Distanzen von wenigen Metern ist ein zunehmend wichtiger Baustein in
der Unterwasserrobotik, etwa zur Kommunikation in AUV-Schwärmen oder der Datenübertragung von einem Fahrzeug zu einer Basisstation (oftmals als Lander bezeichnet) im Vorbeiflug.
Dieser Bedarf ist u. a. in Zusammenhang mit dem zunehmenden Einsatz hochratiger Sensoren,
etwa hochauflösender Kameradaten zum Einsatz in der 3D-Rekonstruktion oder in hochfrequen-
ten Sonarsystemen, zu sehen und wird sich mit dem Einsatz einer zunehmenden Anzahl von
Sensoren sowie mit dem Trend zu kooperativen Verfahren verschärfen. Auch für die Übertragung
niederratiger Sensordaten wie z. B. Temperaturprofile besteht ein Bedarf für hohe Datenraten,
wenn Langzeitbeobachtungen innerhalb von wenigen Sekunden zu einer Basisstation übertragen
werden sollen.

Aus nachrichtentechnischer Sicht kann das Medium Wasser als herausfordernd bezeichnet
werden und die Problemstellungen unterscheiden sich in mehrfacher Hinsicht von denen der
konventionellen elektromagnetischen Kommunikation. Die prinzipielle Problematik lässt sich
simplifiziert wie folgt zusammenfassen. Aufgrund der extremen Dämpfung hochfrequenter, elek-
tromagnetischer Wellen werden in der Unterwasserkommunikation konventionell akustische
Übertragungsverfahren sowie niederfrequente, elektromagnetische Signale eingesetzt. Beide
Verfahren ermöglichen die Kommunikation über vergleichsweise große Distanzen, sind allerdings bezüglich der erreichbaren Datenraten stark eingeschränkt, da aufgrund der niedrigen
Trägerfrequenzen eine entsprechend geringe Bandbreite zur Verfügung steht. Hinzu kommt,
dass die niederfrequente, elektromagnetische Kommunikation den Einsatz entsprechend großer
Antennen voraussetzt, wie er z. B. in militärischen Unterwasserfahrzeugen durch kilometerlange
Schleppantennen realisiert wird. In der akustischen Kommunikation ist wiederum die Mehr-
wegeausbreitung, hervorgerufen von Reflexionen an Wasseroberfläche, Grenzschichten und dem
Meeresboden, die größte Herausforderung. Demgegenüber ist der Einfluss des Mediums Wasser
auf die optische und die induktive Übertragungstechnik vergleichsweise gering, wobei letztere
weniger für eine hochratige Kommunikation geeignet ist, dafür jedoch die Möglichkeit einer
Energieübertragung in nennenswertem Umfang, etwa zum Laden von Akkumulatoren bietet.
Die niedrige Ausbreitungsgeschwindigkeit von Schall unter Wasser sowie die vergleichsweise
geringen Datenraten (auch bei der elektromagnetischen und der induktiven Übertragung) führen
zu entsprechenden Latenzen, welche besonders in regelungstechnischen Aufgabenstellungen,
wie der Schwarmkooperation zu Einschränkungen führen. Zusammenfassend ist die optische
Kommunikation nach heutigem Stand die einzige Möglichkeit, unter Wasser über Distanzen,

die größer sind als wenige Zentimeter, eine hochratige drahtlose Kommunikationsverbindung zu etablieren.

Die Entwicklung des openBlue-Modems erfolgte mit dem Ziel einer offenen Plattform, die als Testumgebung zur Erprobung verschiedener nachrichtentechnischer Verfahren insbesondere der Modulation und der Codierung im Szenario Unterwasser genutzt werden kann und nach Möglichkeit neue Forschungsansätze aufzeigt. Entsprechend wird zur Signalverarbeitung das Konzept der software-basierten Kommunikation (software defined radio, SDR) verfolgt. Auch die Komponenten sind weitestgehend modular gestaltet, indem die Sende- und Empfangshardware, die Signalverarbeitung und die Energieversorgung auf vier Module aufgeteilt sind.

Dieser Ansatz hat den Vorteil, dass im Unterschied zu kommerziell erhältlichen Modems wie dem BlueComm der Firma Sonardyne die einzelnen Komponenten in ihrer Funktionsweise zugänglich sind und gegebenenfalls modifiziert werden können. Damit ist gemeint, dass beispielsweise dank des SDR-Ansatzes Modulations- und Codierverfahren hinsichtlich eines Betriebs bei geringem SNR optimiert oder das Latenzverhalten durch entsprechende Auswahl der Codierung angepasst werden könnten. Des Weiteren konnten im Rahmen der Modementwicklung Untersuchungen mit verschiedenen Empfängertypen und Filteranordnungen durchgeführt werden, wobei eine umfassende Auswertung im Kommunikationsbetrieb durch Zugriff auf die Rohdaten möglich war.

Im Ergebnis hat die Entwicklung des offenen Unterwasserkommunikationssystems openBlue mehrere neue Forschungsansätze inspiriert. So geht die Entwicklung des CSIM-Modulationsverfahrens auf die Notwendigkeit des Entwurfs einer robusten und verlustarmen Sendeeinheit im Rahmen des openBlue-Projektes zurück. Ein anderes Beispiel ist die Interferenzunterdrückung, welche aufgrund der Problematik der Sonneneinstrahlung nahe der Wasseroberfläche untersucht wurde und zu den neuen Interferenzunterdrückungsverfahren mit einer Facettenblende sowie einer Filterung auf Basis einer Flüssigkristallanzeige (liquid crystal display, LCD) geführt hat.

Die nachfolgenden Ausführungen sind wie folgt strukturiert: In Kapitel 5 werden der physikalische Kanal mit der Signaldämpfung durch das Medium Wasser und ein Modell der interferierenden solaren Einstrahlung vorgestellt und außerdem wird der Einfluss verschiedener Empfänger- und Senderkonstellationen auf das Linkbudget untersucht. Anschließend werden in Kapitel 6 drei verschiedene Ansätze der Interferenzunterdrückung vorgestellt. Dies sind eine Filterung auf Basis der Wellenlängen unter der Nutzung unterschiedlicher PD und Filterkombinationen sowie zwei Methoden, welche eine Filterung der optischen Signalkomponenten auf Basis der Einfallrichtung mit einer Facettenblende bzw. einem aktivem LCD-Filter ermöglichen. Hierbei erfolgt eine Auswertung des SNRs bezüglich der Reduktion der solaren Interferenz, und im Falle der richtungsabhängigen Filtermethoden wird außerdem die Dämpfung interferierender, modulierter Quellen untersucht. In Kapitel 7 folgt abschließend die Umsetzung des openBlue-Modems, untergliedert in mechanischen Aufbau, Elektronik und Softwareimplementierung. Dieses Kapitel kann im Sinne einer offenen Plattform als Referenz für nachfolgende Projekte verstanden werden.

5

# Physikalischer Kanal

## 5.1 Optische Eigenschaften des Übertragungsmediums

Das Dämpfungsverhalten des Mediums Wasser wird in der Literatur meist als eine Kombination aus dem wellenlängenabhängigen Absorptionskoeffizienten $a\left(\lambda\right)$ und dem Streufaktor $b\left(\lambda\right)$ beschrieben. Diese beiden Wirkprinzipien können zu einem Dämpfungsfaktor

$$c\left(\lambda\right) = a\left(\lambda\right) + b\left(\lambda\right) \tag{5.1}$$

zusammengefasst werden, und auf dieser Basis kann die zusätzliche Dämpfung des Mediums Wasser über eine Distanz $d$ nach dem Bouguer-Lambert-Beer'sche Gesetz zu

$$L\left(\lambda, d\right) = e^{-c(\lambda)\cdot d} \tag{5.2}$$

angegeben werden. Für die entfernungsabhängige Freiraumdämpfung folgt nach Gleichung (2.23)

$$\frac{L\left(\lambda, d\right)}{d^2}. \tag{5.3}$$

Neben der optischen Filterwirkung von „klarem" Salzwasser sind diese Koeffizienten stark von dem Gehalt an organischen und anorganischen Materialien in der Wassersäule mit ihren spezifischen optischen Eigenschaften abhängig. Entsprechend können extrem unterschiedliche Werte beobachtet werden, welche außerdem starken Schwankungen z. B. bezüglich des jahreszeitabhängigen Algenwachstums unterliegen. Auch lokale Effekte wie aufgewirbeltes Sediment können eine entscheidende Rolle spielen. Im Allgemeinen kann für die wellenlängenabhängige Dämpfung des Unterwasserkanals, je nach Szenario, ein Minimum im blau- bis grünfarbigen Bereich beobachtet werden. Da eine umfassende Analyse im Rahmen dieser Arbeit nicht zweckmäßig erscheint, erfolgt für die weiteren Betrachtungen nach [HR08] eine Festlegung eines

„typischen Küstenwassers" mit $a(\lambda) = 0{,}179\,1/\mathrm{m}$ und $b(\lambda) = 0{,}220\,1/\mathrm{m}$, gemessen bei $530\,\mathrm{nm}$. In [KK16] werden vergleichbare Ergebnisse im Wellenlängenbereich um $450\,\mathrm{nm}$ berichtet. Der Grund für den Einsatz von blaufarbigen LEDs in dem entwickelten Unterwassermodem liegt u. a. in der guten Verfügbarkeit von leistungsstarken LED-Modulen in diesem Wellenlängenbereich und der hohen Lichtausbeute von beispielsweise $69\,\%$ für eine „Oslon SSL"-LED bei $450\,\mathrm{nm}$ im Vergleich zu $27\,\%$ bei $530\,\mathrm{nm}$. Auch wenn letztlich der Gewinn durch den Einsatz grünfarbiger LEDs in bestimmten Szenarien wie etwa in Flachwasserbereichen höher ausfällt als die verringerte Effizienz, verbleibt bei dem Einsatz von blaufarbigen LEDs der Vorteil einer geringeren Wärmeentwicklung im Sender.

Mehrwegeeffekte sind nicht zu erwarten, da reflektierte Signalanteile mit den Symbolraten entsprechend langen Umwegpfaden aufgrund der starken Signaldämpfung den Empfänger nicht in relevantem Umfang erreichen. Allerdings kann, etwa bei kombinierten Empfangs- und Sendeeinheiten im Vollduplexbetrieb, das Problem der Selbstinterferenz entstehen, wenn ein Sendesignal mit hoher optischer Intensität auf eine benachbarte Empfangseinheit zurückreflektiert wird. Eine mögliche Maßnahme ist neben einer räumlichen oder wellenlängenabhängigen Trennung der Signale nach den in Kapitel 6 vorgestellten Methoden insbesondere eine Interferenzunterdrückung auf Basis der bekannten Sendesequenz.

## 5.2 Optimierung der Sender- und Empfängerkonfiguration

Die im vorausgehenden Kapitel als beispielhaft angenommenen Koeffizienten führen zu einer zusätzlichen Dämpfung des Unterwasserkanals von

$$L_{(450\,\mathrm{nm},1\,\mathrm{m})}/\mathrm{m} \approx 1{,}73\,{}^{\mathrm{dB}}/\mathrm{m}. \tag{5.4}$$

Entsprechend schnell ist mit zunehmender Entfernung die SNR-Grenze des Kommunikationssystems erreicht, sodass Maßnahmen zur Verbesserung des Übertragungskanals notwendig werden. Neben der Komponentenauswahl, z. B. der Empfangseinheit bezüglich des Rauschverhaltens, stellt sich die prinzipielle Frage, inwieweit sich Maßnahmen auf Sende- und Empfangsseite auf die Leistungsfähigkeit des Gesamtsystems auswirken. Für die nachfolgende Untersuchung nehmen wir deshalb gegebene Sende- und Empfangseinheiten an, welche sendeseitig $N_{\mathrm{LED}}$-fach bzw. auf der Empfangsseite $N_{\mathrm{PD}}$-fach repliziert werden.

## Sendeseitig

Der Einsatz von $N_{\mathrm{LED}}$ Sendeeinheiten ist äquivalent zu einer $N_{\mathrm{LED}}$-fachen Erhöhung der Sendeleistung und dementsprechend der optischen Empfangsleistung. Nach (2.18) folgt für das elektrische SNR ein Gewinn von

$$N_{\mathrm{LED}}^2. \tag{5.5}$$

Das Rauschverhalten des Empfängers wird nach Abschnitt 1.2.2 durch die Erhöhung der Signalleistung nicht wesentlich beeinflusst.

## Empfangsseitig

Der Einsatz zusätzlicher Fotodioden ermöglicht analog zu der Erhöhung der Sendeleistung eine Steigerung der elektrischen Empfangsleistung um $N_{\mathrm{PD}}^2$. Dies setzt jedoch voraus, dass die Signale auf geeignete Weise kombiniert werden, etwa durch Parallelschaltung der Fotodioden, wobei sich die Fotoströme additiv überlagern, oder durch Addition der optischen Signale nach ihrer Verstärkung. Letztlich entspricht der Einsatz von $N_{\mathrm{PD}}$ PDs einer Ver-$N_{\mathrm{PD}}$-fachung der Detektorfläche.

Über den Effekt der Signalleistungserhöhung hinaus kann mit der Kombination mehrerer Empfangssignale nach dem aus der elektromagnetischen Kommunikation bekannten „Equal-Gain Diversity" [Bre59] Prinzip eine Verringerung der Rauschleistung erreicht werden. Diese Mittelung erlaubt unter der Annahme unkorrelierter Rauschprozesse eine Reduktion der Rauschleistung um $\sqrt{N_{\mathrm{PD}}}$, sodass insgesamt eine Verbesserung des elektrischen SNRs um

$$\frac{N_{\mathrm{PD}}^2}{\sqrt{N_{\mathrm{PD}}}} = N_{\mathrm{PD}}\sqrt{N_{\mathrm{PD}}} \tag{5.6}$$

folgt.

In dem Fall, dass die Signalkombination durch Parallelschaltung mehrerer Dioden erfolgt, ergibt sich eine Erhöhung der Diodenkapazität um $N_{\mathrm{PD}}$, welche in der Verstärkerschaltung geeignet berücksichtigt werden muss.

## Auswertung

Die Ergebnisse zeigen, dass eine Vergrößerung der Detektorfläche aufgrund des zusätzlichen Effekts der Rauschreduktion eine sehr wirkungsvolle Methode zur Erhöhung des SNR ist. Auch aus energetischer Sicht ist dieses Vorgehen zu bevorzugen, da im Gegensatz zu einer Erhöhung der Sendeleistung durch diese Maßnahme die Leistungsaufnahme des Kommunikationssystems nicht wesentlich erhöht wird. Allerdings ist zu berücksichtigen, dass insbesondere bei Kombination der Fotoströme durch Parallelschaltung eine vollständige Ausleuchtung aller Fotodioden

Voraussetzung ist. Letztlich sind der empfängerseitigen SNR-Verbesserung Grenzen bezüglich des verfügbaren Platzes und der Komponentenkosten gesetzt. Ferner bleibt in dieser Betrachtung der Interferenzeinfluss unberücksichtigt. So lässt sich mit einer senderseitigen Leistungserhöhung eine dementsprechende Reduktion des Signal/Interferenz-Leistungsverhältnisses erreichen, während eine empfängerseitige Maßnahme diese Kennzahl nicht verbessert.

## 5.3 Interferenzsignale und Rauscherhöhung

Wie in Abschnitt 1.2.2 ausgeführt, können die Rauschbeiträge am Empfänger in von der optischen Empfangsleistung unabhängige Komponenten, wie das thermische Rauschen der Verstärkerschaltung, und in leistungsabhängige Anteile, wie insbesondere das Schrotrauschen, unterteilt werden. In diesem Zusammenhang sind interferierende, künstliche Lichtquellen und die Sonneneinstrahlung als mögliche Verursacher zu nennen, wobei letztere in den meisten Fällen dominiert. Im Gegensatz zu künstlichen Lichtquellen kann die Sonneneinstrahlung jedoch stets als eine als Gleichanteil am Empfänger auftretende Komponente gefiltert werden. Bezüglich der künstlichen Lichtquellen muss zwischen modulierten und unmodulierten Quellen unterschieden werden. Leistungsstarke, informationstragende optische Signale sind u. a. in der Schwarmkommunikation zu erwarten. Neben einer Erhöhung der Rauschleistung stören diese stochastischen Signale die Kommunikationsverbindung. Die Rauscherhöhung durch unmodulierte bzw. durch Signalverarbeitungsmethoden filterbare Komponenten, wie sie z. B. durch pulsdauermodulierte (pulse-width modulation, PWM) Beleuchtungseinrichtungen hervorgerufen werden, sind vor allem im Tiefwasserbereich mit geringer solarer Einstrahlung von Bedeutung.

Zur Modellierung des solaren Einflusses legen wir die optische Leistungsdichte $p_{\mathrm{solar}}\,(\lambda)$ nach dem „ASTM G-173-03"-Modell [Ame03] unter einem Einfallswinkel von $37\,°$ an der Erdoberfläche zugrunde. Die Berücksichtigung unterschiedlicher Empfangsszenarien erfolgt durch die Beaufschlagung des in Abbildung 5.1 dargestellten optischen Leistungsdichtespektrums mit dem Dämpfungsfaktor $\xi$. Dieser beschreibt, welcher Anteil der solaren Leistung u. a. aufgrund der zumeist als vertikal anzunehmenden Ausrichtung der Detektorfläche sowie der Dämpfung durch die Wassersäule, zum Detektor gelangt. Entsprechend gilt mit zunehmenden Wassertiefen $\xi \to 0$. Aufgrund der hohen Leistungsdichte ist die solare Interferenz ein entscheidender Faktor beim Betrieb einer optischen Kommunikationsstrecke im Flachwasserbereich, und gerade zur Funktionsprüfung ist auch die Nutzbarkeit der Kommunikationseinrichtungen an der Wasseroberfläche ein wichtiges Designziel.

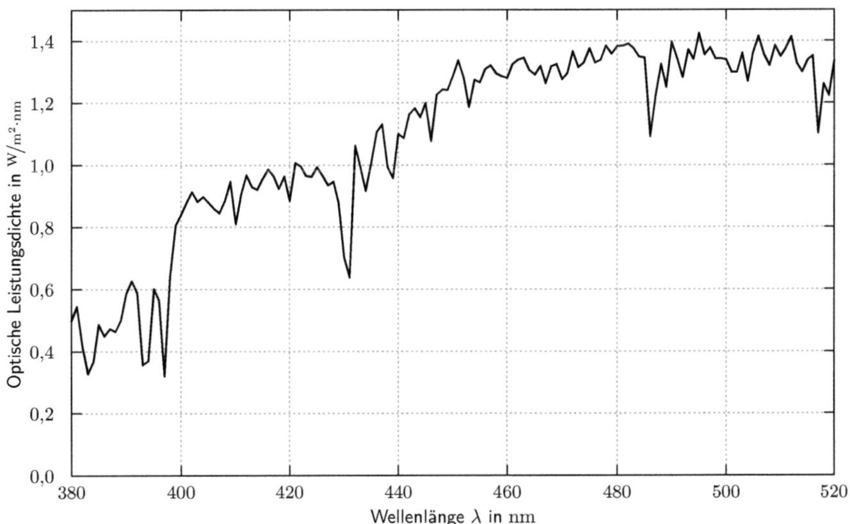



Abbildung 5.1: Sonnenspektrum am Empfänger nach „ASTM G-173-03"

**6**

# Interferenzunterdrückung durch Filterung

Nicht zuletzt praktische Versuche haben gezeigt, dass die Interferenzreduktion von entscheidender Bedeutung bei der Entwicklung eines leistungsfähigen, optischen Übertragungssystems ist. Nachfolgend werden drei unterschiedliche Methoden vorgestellt, welche eine Filterung des optischen Signals vor der eigentlichen Detektion gemein haben. Dieses Vorgehen hat insbesondere den Vorteil, dass im Gegensatz etwa zu einer Unterdrückung des solaren Einflusses durch Tiefpassfilterung in der Verstärkerschaltung keine Rauscherhöhung im Empfänger auftritt. Auch gehen bei der Detektion an einer PD Informationen wie die spektrale Verteilung und die Einfallsrichtung der unterschiedlichen Signalbestandteile verloren, auf denen die wellenlängenabhängige Filterung in Abschnitt 6.1 und die winkelabhängigen Filtermethoden basieren. Letztere können als passive Methoden nach Abschnitt 6.2 und als aktive Verfahren nach Abschnitt 6.3 umgesetzt werden.

## 6.1 Wellenlängenabhängige Filterung

### 6.1.1 Wellenlängenabhängige Sensitivität verschiedener Fotodioden

Eine Möglichkeit der spektralen Filterung ist die Wahl von Halbleitermaterialien und Dotierung der genutzten PDs, sodass sich ein möglichst gutes Verhältnis aus Empfindlichkeit bezüglich des Nutzsignales und Unterdrückung der Interferenzleistung ergibt. Zu diesem Zweck vergleichen wir exemplarisch drei Halbleiterdioden mit einer in Abbildung 6.1 dargestellten, wellenlängenabhängigen Empfindlichkeit. Dies sind zum einen die Si-Dioden des Typs S9195 des Herstellers Hamamatsu und die FDS100 von Thorlabs, welche eine hohe Empfindlichkeit über einen relativ breiten Spektralbereich aufweisen, wobei die S9195-Diode bezüglich der Empfindlichkeit bei niedrigen Wellenlängen (blue enhanced, BE), vermutlich durch entsprechende Dotierung optimiert

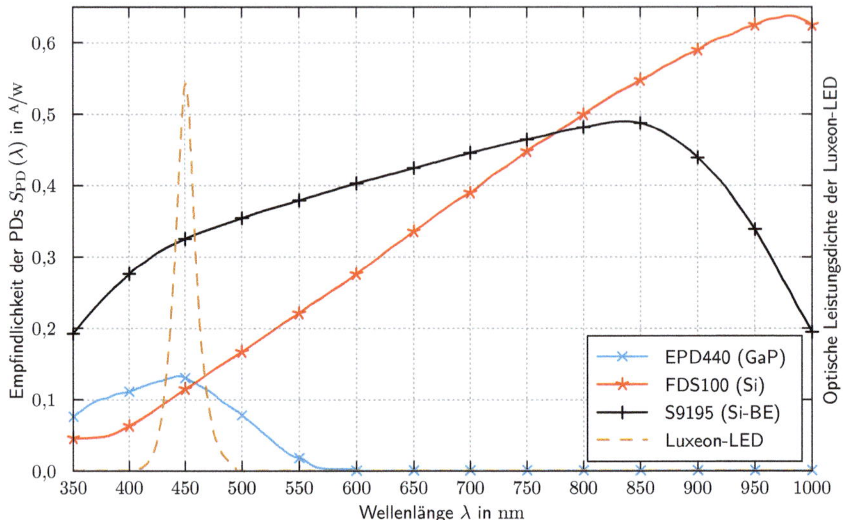

Abbildung 6.1: Spektrale Empfindlichkeit verschiedener PDs

wurde. Diesen wird mit der EPD440 von Jenoptik eine wesentlich selektivere, aber zugleich auch weniger empfindliche GaP-Diode gegenüber gestellt.

Bei diesem Vorgehen bleiben andere wichtige Diodenparameter wie die Sperrschichtkapazität unberücksichtigt. Zweckmäßig erscheint hier eine Normierung der Sperrschichtkapazität mit der effektiv wirksamen Diodenfläche, um eine Vergleichbarkeit bezüglich der verschiedenen Halbleitermaterialien zu ermöglichen. Auch eine Auswertung der Datenblätter von flächenmäßig unterschiedlichen Dioden einer Serie bestätigen die Eignung eines solchen Vorgehens. Die Rechercheergebnisse sind in der nachfolgenden Tabelle zusammengefasst:

| | FDS100 (Si) | S9195 (Si-BE) | EPD440 (GaP) |
|---|---|---|---|
| Sperrschichtkapazität in $\mathrm{pA/mm^2}$ | 18 | 7 | 238 |

## 6.1.2 Farbfilter

In Kombination mit der den Dioden inhärenten Filtercharakteristik können zusätzliche Vorfilter eingesetzt werden. U. a. stehen hierzu vergleichsweise breitbandige Farbgläser wie das FGB7 von Thorlabs oder dielektrische Filter [WCL+15] wie der Typ FB450-10 mit einem $10\,\mathrm{nm}$ oder der FB450-40 mit einem etwa $40\,\mathrm{nm}$ breiten Durchlassbereich um $450\,\mathrm{nm}$ zur Verfügung. Ein Problem beim Einsatz der dielektrischen Filter ist eine Verschiebung des Durchlassbereiches in Abhängigkeit vom Einfallswinkel des optischen Strahles, exemplarisch dargestellt in Abbildung 6.2.

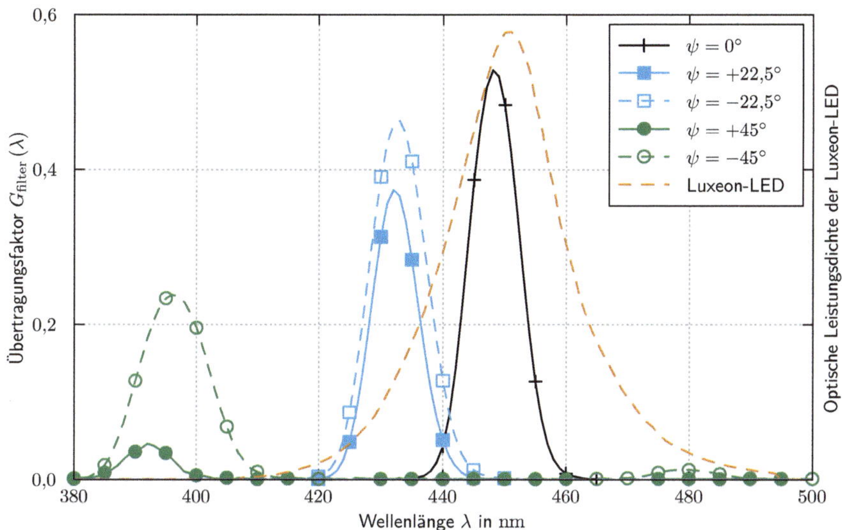



Abbildung 6.2: Winkelabhängigkeit des FB450-10-Filters nach Messdaten, bereitgestellt durch den Hersteller Thorlabs

Eine mögliche Maßnahme ist eine halbkugelförmige Ausformung des Filters zur Elimination des Winkeleinflusses, welche aber im Rahmen dieser Arbeit nicht berücksichtigt wurde.

## 6.1.3 Auswertung verschiedener Filterkonfigurationen unter solarer Interferenz

Die nachfolgende Auswertung basiert auf der Kombination der wellenlängenabhängigen Empfindlichkeit der PDs nach Abschnitt 6.1.1 mit der Filterwirkung der in Abschnitt 6.1.2 eingeführten Vorfilter. Aus Abbildung 6.3 ist der resultierende Abtausch von Interferenzunterdrückung zur Dämpfung des Nutzsignales ersichtlich, welches in der Abbildung als blaufarbiges LED-Spektrum angenommen wird. Die Leistungsfähigkeit der unterschiedlichen Konfigurationen lässt sich aus den Summenspektren jedoch nicht direkt ablesen, sondern ist von dem gewählten Szenario und im Besonderen von der Stärke der Sonneneinstrahlung nach Abschnitt 5.3 abhängig.

Wir untersuchen deshalb die Auswirkung der Sonneneinstrahlung auf das SNR in einem Leistungsbereich von $\xi = 1$, dem Normspektrum an der Wasseroberfläche, bis hin zu $\xi = 10^{-5}$, wie es bei den in Abschnitt 5.1 gewählten Parametern und einem direkten Blick zur Wasseroberfläche aus 30 m Tiefe in etwa zu erwarten ist. Des Weiteren nehmen wir eine optische Sendeleistung von 48 W, eine Entfernung von 5 m zwischen Sender und Empfänger mit dem

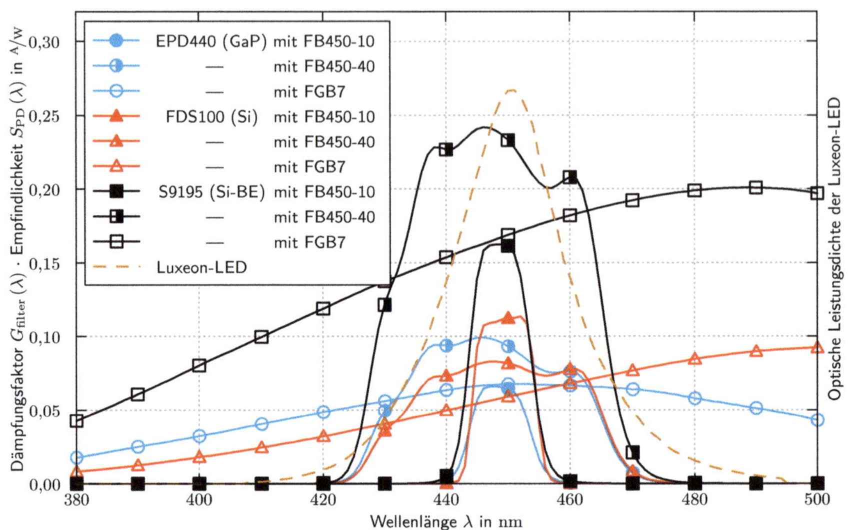



Abbildung 6.3: Summenspektren gebildet aus der Kombination von Fotodioden- und Filtercharakteristik

Dämpfungsfaktor des im Rahmen dieser Arbeit definierten „typischen Küstenwassers" aus Abschnitt 5.1 sowie einen direkten Pfad mit senkrechtem Nutzsignaleinfall, d. h. entsprechend maximale Empfangsleistung, an. Zur Vergleichbarkeit sei für alle PDs die identische Detektorfläche von $10\,\text{mm}^2$ ohne Konzentratorgewinn mit $m = 1$, entsprechend $120°$ Halbwertswinkel des Empfängers, vorausgesetzt. Die aufgeführten Detektortypen weichen von diesen Angaben ab. So verstärkt z. B. die Form der Vergussmasse der FDS100-Diode das optische Signal bei senkrechtem Einfall. In der Rauschberechnung sind nach Abschnitt 1.2.2 das Schrotrauschen und das thermische Rauschen der PD unter Annahme einer Filterbandbreite von $10\,\text{MHz}$ und eines Rückkopplungswiederstandes von $R_{\text{f}} = 3\,\text{k}\Omega$ berücksichtigt worden.

Bei Auftragung des resultierenden standardisierten optischen SNRs in Abbildung 6.4 über die Intensität der solaren Einstrahlung zeigt ein zweigeteiltes Verhalten. Im Bereich niedriger solarer Einstrahlung wird das SNR durch das Eigenrauschen der PDs dominiert, mit zunehmendem Sonneneinfluss setzt ein Abfall um $10\,\text{dB}$ pro Dekade ein, welcher aus dem Schrotrauschanteil resultiert. Ohne zusätzliche Vorfilter setzt dieser Abfall für die Si-Dioden mit ihrer Sensitivität über einen großen Wellenlängenbereich bereits ab etwa $\xi = 10^{-3}$ ein, wohingegen dies für die GaP-Dioden mit der schmalbandigeren Selektivität erst ab $\xi = 10^{-2}$ der Fall ist. Andererseits ist die Si-BE Diode S9195 den anderen beiden Typen für den Fall vernachlässigbarer Sonneneinstrahlung um

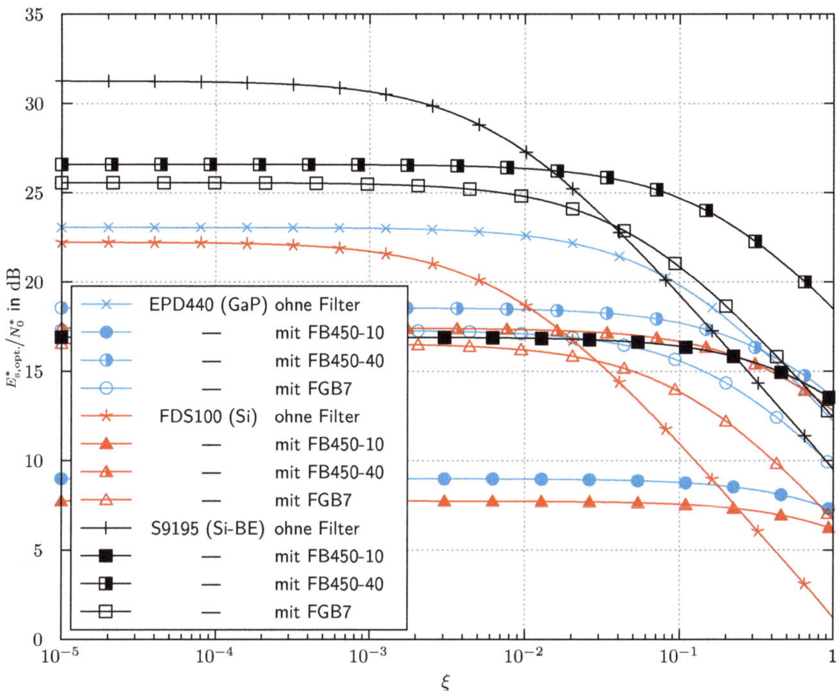

Abbildung 6.4: SNR in Abhängigkeit von der Stärke der Sonneneinstrahlung $\xi$

ungefähr $8\,\mathrm{dB}$ überlegen. Mit zunehmendem $\xi$ überwiegt der Vorteil der stärkeren Filterwirkung der GaP-Diode und ab etwa $\xi = 10^{-1}$ weist diese im Vergleich zu den anderen beiden Typen das bessere SNR auf.

Mit der Nutzung von Vorfiltern kann dieser Nachteil der geringeren Selektivität der S9195-PD ausgeglichen werden, sodass die Kombination der Si-BE-PD mit dem FB450-40-Filter eine gute Wahl für $\xi > 10^{-2}$ darstellt. Nur bei extrem geringen solaren Leistungen unterhalb dieses Bereiches ist der Einsatz einer PD ohne Vorfilter zu bevorzugen. Dies ist aber nur für den Tiefwasserbereich zu erwarten und in wertmäßigen Dimensionen, sodass in diesem Fall auch leistungsschwache, künstliche Lichtquellen als mögliche Störer berücksichtigt werden müssen. Auch bezüglich der Sperrschichtkapazität ist die S9195-PD gegenüber den anderen PD zu bevorzugen. Bei sehr geringem Umgebungslichteinfluss ist außerdem der Einsatz von APD-Dioden zu erwägen.

Bezüglich der verschiedenen Filtertypen weisen die Ergebnisse den FB450-40-Filter als guten Kompromiss aus Störunterdrückung und Nutzsignaldetektion aus. In diesem Zusammenhang ist

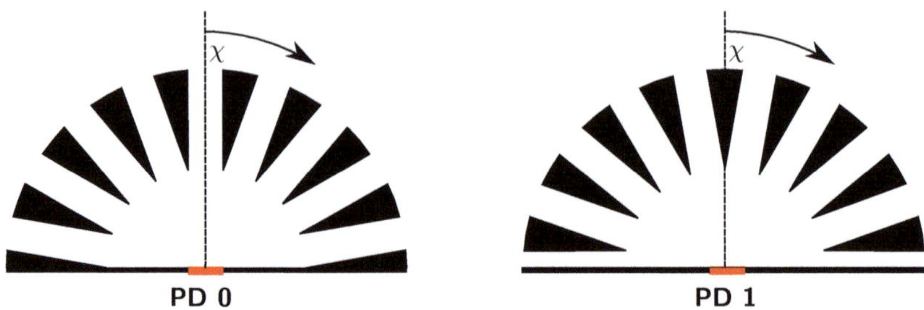


Abbildung 6.5: Skizze einer Filteranordnung welche zwei Facettenblenden umfasst

aber auch die spektrale Verschiebung mit dem Einfallswinkel zu berücksichtigen, sodass für den Einsatz im openBlue-Modem das FGB7-Filterglas bevorzugt wurde.

## 6.2 Facettenblende

Als Filterkriterium bieten sich neben der Wellenlänge die Raumrichtungen der Nutz- bzw. Störsignalanteile an. Eine mögliche Umsetzung ist die in [KFHP17a] vorgeschlagene Facettenblende, welche, wie in Abbildung 6.5 anhand einer zweidimensionalen Skizze verdeutlicht, die über den Raumwinkel $\chi = -90\,°, \ldots, 90\,°$ einfallenden Lichtstrahlen auf zwei PDs verteilt. Die alternierende Aufteilung der einfallenden Signale auf die beiden Detektoren umfasst in dem skizzierten Fall 18 Winkelsegmente von je $10\,°$. Allerdings existiert zwischen den Segmenten, d. h. den Fällen in denen die vollständige Leistung einer Punktlichtquelle auf PD 0 bzw. auf PD 1 fällt, ein Übergangsbereich, der sich aus dem Verhältnis der Kantenlänge $a$ des PD zu dem Außenradius des Kugelfilters $r_a$ nach

$$\delta_K = 2 \cdot \arctan\left(\frac{\cos\chi}{\frac{2 \cdot r_a}{a} - \sin\chi}\right) \tag{6.1}$$

ergibt. In unserem Beispiel umfasst dieser Bereich für den Fall senkrechten Lichteinfalls ($\chi = 0\,°$) etwa $\delta_K = 2°$ und nimmt für flachere Einfallswinkel weiter ab. In diesen Übergangsbereichen verteilt sich die Empfangsleistung einer Signalquelle auf beide Detektoren, sodass keine eindeutige Zuordnung einer Quelle auf einen Detektor möglich ist. Da dieser Effekt mit $r_a/a \to \infty$ abnimmt, werden wir diesen im Folgenden vernachlässigen. Die exemplarisch realisierte, dreidimensionale Filterstruktur in Form von vier in einem 3D-Druckverfahren in schichtweisem Auftrag (fused deposition modeling, FDM) hergestellten Halbkugeln ist in Abbildung 6.6 gezeigt. Mit dieser

Abbildung 6.6: Filterensemble bestehend aus $2 \cdot N_K = 4$ halbkugelförmigen Facettenblenden

Anordnung werden die über die Raumrichtungen $\varphi$ und $\vartheta$ (im Kugelkoordinatensystem, vgl. Abschnitt A.6) einfallenden optischen Signale nach dem Muster

$$i = \left\lfloor \frac{|\varphi| + 5°}{10°} \right\rfloor \bmod 2 + 2 \cdot \left\lfloor \frac{|\vartheta| + 95°}{10°} \right\rfloor \bmod 2 \tag{6.2}$$

dem $i$-ten der vier unter den Facettenblenden angebrachten Detektoren zugeordnet, wobei wir von einem in $\vec{e_x}$-Richtung ausgerichteten Filterensemble ausgehen. Je $N_K = 2$ Facettenblenden sind zu diesem Zweck so angeordnet, dass eine Filterwirkung in $\varphi$-Richtung sowie in $\vartheta$-Richtung erreicht wird.

In der gegenwärtig gewählten Realisierung gilt für eine in $\varphi$-Richtung alternierende Facettenblende, dass die im zweidimensionalen Fall gezeigte Trennung mit einem Überlappungsbereich von $\delta_K = 2°$ nur unter $\vartheta = 90°$ gültig ist. Denn mit zunehmend flacheren Winkeln laufen (wie in Abbildung 6.6 zu sehen) die Segmente in einem Punkt zusammen, sodass unter $|\vartheta + 90°| \pm 90°$ keine Trennung der Signale mehr möglich ist. Analoges gilt für die zweite Raumrichtung. Dieser Effekt könnte durch eine geänderte Filtergeometrie, etwa in Form von in ihrem Querschnitt halbierten Zylindern, reduziert werden.

Anstelle der alternierend durchlässigen Anordnungen mit $N_K = 2$ Facettenblenden pro Raumrichtung kann die Anordnung für beliebige $N_K \geq 2$ konstruiert werden, indem für das $n$-te Filterelement jeweils die $N_K$-te Facette beginnend mit der $n$-ten durchlässig ausgestaltet wird. Der Öffnungswinkel einer Facette ergibt sich allgemein mit der Anzahl der geöffneten Facetten $N_F$ pro Filterelement zu

$$\Theta_F = \frac{180\,°}{N_K \cdot N_F}.$$ 

$$(6.3)$$

## 6.2.1 Interferenz durch andere Signalquellen

Als erstes Einsatzszenario wollen wir das Ausblenden von als punktförmig angenommenen Interferenzsignalquellen, d. h. etwa einer zweiten modulierten LED-Beleuchtung, untersuchen. Da von einer überlappungsfreien Ausgestaltung der Filterelemente ausgegangen wird, ist eine perfekte Trennung zweier gerichteter Empfangssignale je nach Anordnung der Quellen im Raum möglich. Wenn wir eine Gleichverteilung der Signalquellen über den gesamten Raumwinkelbereich von $-90\,° \leq \varphi \leq 90\,°$ und $0\,° \leq \vartheta \leq 180\,°$ annehmen, gelingt eine vollständige Interferenzunterdrückung mit einer Wahrscheinlichkeit von $\left(N_K^2-1\right)/N_K^2$. Mit $\left(N_K^2-2N_K-1\right)/N_K^2$ können dabei zwei PD zur Nutzsignalauswertung herangezogen werden, wohingegen mit einer Wahrscheinlichkeit von $2\left(N_K-1\right)/N_K^2$ das ungestörte Nutzsignal nur einmal zur Verfügung steht, da in der jeweils anderen Raumrichtung eine Überlappung von Nutzsignal- und Störsignalanteil auftritt.

Problematisch ist, dass zu jedem der $2 \cdot N_K$ Facettenblenden ein PD vorgehalten werden muss. Auch die physikalischen Abmessungen des Empfängerensembles sind aufgrund von (6.1) und dem erforderlichen Abstand unter den Facettenblenden oftmals nicht realisierbar.

## 6.2.2 Rauschbegrenztes Szenario

Wir gehen nun von einem Empfänger aus, dessen Rauschleistung von der Sonneneinstrahlung dominiert wird. Damit verbleibt, wie in Abschnitt 5.3 ausgeführt wird, nach einer empfangsseitigen Filterung der als Gleichanteil erscheinenden, solaren Interferenz eine zu der herausgefilterten Interferenz proportionale Rauschleistung. Erneut gehen wir von $2 \cdot N_K$ Facettenblenden aus, wobei jeweils $N_K$ Elemente eine Filterwirkung in $\varphi$- bzw. $\vartheta$-Richtung entfalten. Entsprechend enthalten zwei Empfangssignale den Nutzsignalanteil und können zur SNR-Maximierung analog zu (5.6) zusammengeführt werden, sodass sich im Ergebnis die elektrische Signalleistung gegenüber einem einzelnen Empfänger vervierfacht. Bezüglich der solaren Interferenz nehmen wir eine Gleichverteilung der einfallenden Leistung über alle Raumwinkel an. Dies führt zu einer Reduktion der Interferenzleistung an den einzelnen PDs auf $1/N_K$. Mit der Annahme unabhängiger

Rauschprozesse in den beiden ausgewählten Empfangsketten ergibt sich eine Verbesserung des SNR um

$$\frac{4}{\frac{1}{N_K}\sqrt{2}} = 2\sqrt{2}N_K. \tag{6.4}$$

Im Vergleich dazu kann durch eine Kombination von $N_{\mathrm{PD}} = 2 \cdot N_K$ Empfangsketten nach (5.6) ohne weitere Filterung bereits ein Gewinn von

$$\frac{N_{\mathrm{PD}}^2}{\sqrt{N_{\mathrm{PD}}}} = 2\sqrt{2}N_K \cdot \sqrt{N_K} \tag{6.5}$$

erzielt werden. Damit ist dieses Verfahren der Facettenblende um den Faktor $\sqrt{N_K}$ bezüglich der Unterdrückung der solaren Interferenz bei zugleich geringerem Aufwand überlegen.

## 6.3 Richtungsabhängige Filterung mit einem LCD-Panel

Ein weiterführender Ansatz ist die Verwendung eines aktiven Filters [FKH19] anstelle statischer Filterstrukturen. Dies bieteten den Vorteil gegenüber statischen Filteranordnungen wie den sogennanten abbildenden Filtern [BEL13; CLT+14; WSA13] oder z. B. der Signaltrennung mittels Spiegeln [POA+17], dass das Filter in Bezug auf Ausrichtung und Richtcharakteristik dynamisch an das vorliegende Szenario angepasst werden kann und eine Nachführung in mobilen Anwendungen erlaubt.

Im Rahmen dieser Ausarbeitung wird angenommen, dass diese aktive Struktur ähnlich einem planaren LCD ausgestaltet ist, welches im Unterschied zu seiner regulären Verwendung in einem Bildschirm als transmissives Bauteil ohne Hintergrundbeleuchtung eingesetzt wird und dessen Pixel keine Farbfilter aufweisen, sondern nur Zustände im Bereich von lichtdurchlässig bis lichtundurchlässig annehmen können. Ein verwandter Ansatz wird in [Elr96] in Form eines sendeseitigen LCD-Filters vorgeschlagen. Allerdings ist auf diese Weise keine Unterdrückung von Interferenzen möglich und das Verfahren eignet sich darüber hinaus nicht für VLC, da die Beleuchtungsfunktion durch die Filterung stark beeinträchtigt würde.

Wenn eine solches LCD, wie in Abbildung 6.7 gezeigt, mit Abstand $f$ vor einer PD angeordnet wird, kann der Lichteinfall über einen Winkelbereich von $\Theta_L$ beeinflusst werden. Lichtstrahlen außerhalb dieses Winkelbereichs erreichen den Detektor aufgrund einer entsprechenden Abschirmung nicht. Mit der Kantenlängen $a$ der PD, der Kantenlänge $l$ des LCD und der Annahme $a \ll l$ folgt für den benötigten Abstand näherungsweise

$$f = \frac{l}{2 \cdot \tan\left(\Theta_L/2\right)}, \tag{6.6}$$

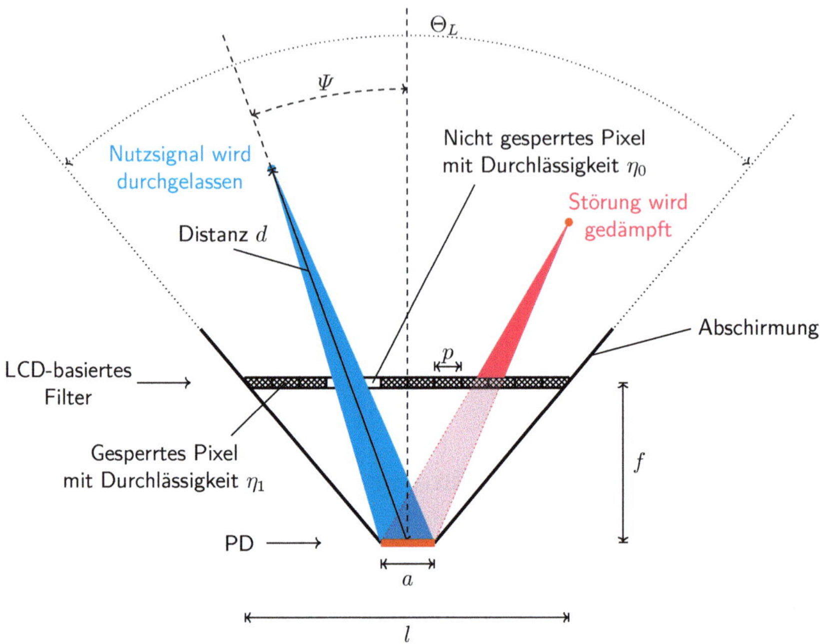


Abbildung 6.7: Skizze der LCD-basierten Filteranordnung mit Darstellung der geometrischen Zusammenhänge

welchen wir im Weiteren als Brennweite bezeichnen werden. Exemplarisch nehmen wir außerdem als PD eine FDS100 [Dat17b] mit $a = 3{,}6\,\text{mm}$ und für das LCD ein quadratisches Panel mit $l = 53{,}3\,\text{mm}$ bestehend aus $240 \times 240$ Pixeln an. Die Ausgestaltung mit einer im Vergleich zu aktuellen Smartphone-Bildschirmen (z. B. ein $458\,\text{ppi}$ Farbdisplay eines Apple iPhones X) niedrigen Punktdichte von $114\,\text{ppi}$ dient dem Zweck, eine Dämpfung des Nutzsignals durch lichtundurchlässige Flächenanteile zwischen den einzelnen Bildpunkten möglichst gering zu halten. Als Öffnungswinkel streben wir $\Theta_L = 120°$ an, sodass sich aus den Parametern eine Brennweite von $f \approx 15\,\text{mm}$ ergibt.

## 6.3.1 Optische Charakterisierung

Allgemein kann die optische Durchlässigkeit einer LCD-Zelle in Abhängigkeit von der Wellenlänge $\lambda$ und der Einfallrichtung des optischen Signals mit

$$\eta\left(\lambda, \vartheta, \varphi, s_{\text{LC}}\right) = \eta_0\left(\lambda, \vartheta, \varphi\right) + s_{\text{LC}} \cdot \left(\eta_1\left(\lambda, \vartheta, \varphi\right) - \eta_0\left(\lambda, \vartheta, \varphi\right)\right) \tag{6.7}$$

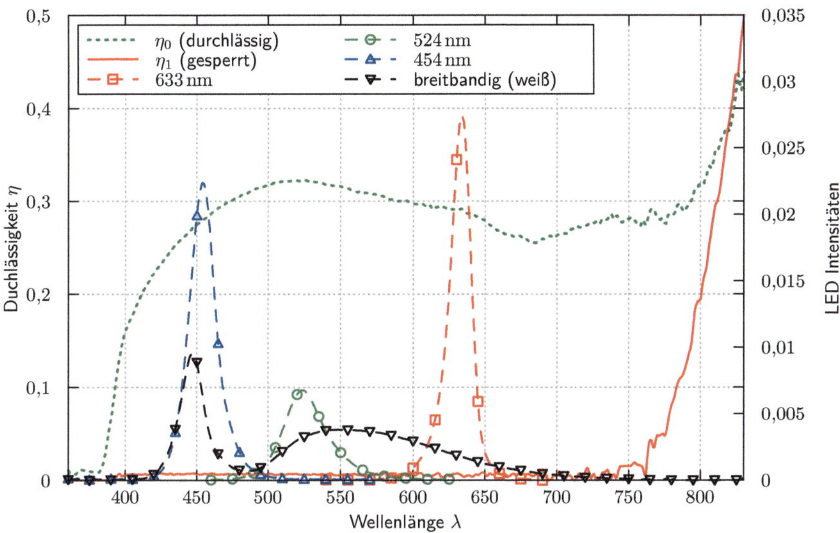


Abbildung 6.8: Spektrale Durchlässigkeit des LC-Elements bei Einfall von Sonnenlicht, aufgenommen mit einem BTS256-Spektrometer von Gigaherz-Optik

beschrieben werden. Mit dem Ansteuerungssignal $0 \leq s_{\mathrm{LC}} \leq 1$ wird die Durchlässigkeit der LCD-Zellen in einem Bereich von durchsichtig (mit Durchlässigkeit $\eta_0$) bis blockierend (mit Durchlässigkeit $\eta_1$) eingestellt. Um den Einfluss der auf die Nutzung als Bildschirm optimierten Fertigungsparameter kommerzieller LCDs auf die Ergebnisse zu vermeiden, wurden die optischen Parameter exemplarisch anhand eines großflächigen Flüssigkristallelements aus einer elektronisch abdunkelnden Schweißbrille bestimmt. Das wesentliche Problem ist, dass die meisten leistungsfähigen LCDs mit Rot-, Grün- und Blaufiltern für die Farbdarstellung ausgestattet sind und deshalb „einfarbiges" LED-Licht nur den entsprechenden „Farbbereich" der LCD-Oberfläche durchdringen kann und außerdem mit dem Dämpfungswert des Farbfilters beaufschlagt wird. Geeignete monochrome LCD sind meist nur als anwendungsspezifische Produkte und bei entsprechend hohen Stückzahlen erhältlich.

Die Messung der Durchlässigkeit erfolgte, indem das LC-Element mit vier verschiedenfarbigen LEDs (vgl. Abbildung 6.8) angestrahlt, und die Leistungen an einer FDS100-PD für die Fälle $s_{\mathrm{LC}} = 0$ und $s_{\mathrm{LC}} = 1$ ins Verhältnis zu den Leistungswerten ohne einen Filter im optischen Pfad gesetzt wurden. Um den Einfluss der cos-Abhängigkeit sowie des Konzentratorgewinns der PD auf die Messergebnisse zu vermeiden, wurde anstelle der gesamten Empfangseinheit nur das LC-Element gedreht. Zweckmäßigerweise gehen wir im Weiteren von einem Kugelkoordinatensystem mit einem in $\vec{e_x}$-Richtung zeigenden Empfänger aus. Die Messreihen in Abschnitt A.5 repräsentieren jeweils eine Drehung des LC-Elements von $0°, \ldots, 75°$ um $\vec{e_z}$, wobei sich die Winkelangaben zu den Messreihen von $0°$, $45°$ und $90°$ auf eine weitere Drehung des LC-Elements um $\vec{e_x}$ beziehen. Kontrollmessungen haben ein symmetrisches Verhalten des LC-Elements bezüglich der $\vec{e_x}$-Achsendrehung ergeben. Das Dämpfungsverhalten in Abbildung 6.9 folgt aus der Mittelung der in Abschnitt A.5 vollständig dargestellten Messergebnisse. Mit dieser Mittelung kann die Durchlässigkeit als Funktion des Einfallswinkels eines optischen Strahls zum Lot des Detektors angegeben werden. Dieser Winkel $\Psi$ kann wiederum über den geometrischen Zusammenhang (A.11) aus den Winkeln $\vartheta$ und $\varphi$ des Kugelkoordinatensystems bestimmt werden.

Die in Abbildung 6.9b feststellbare, weitaus geringere Sperrwirkung bei Einsatz einer breitbandigen Lichtquelle ergibt sich aus der geringen Filterwirkung des LC-Elements im infraroten Wellenlängenbereich nach Abbildung 6.8. Das gemittelte Dämpfungsverhalten des LC-Elements aus Abbildung 6.9 kann für die blaufarbige LED bis zu einem Eintrittswinkel von $\Psi = 60°$ in guter Näherung mit

$$\eta_0\left(\Psi\right) = 0{,}297 \cdot \cos\left(0{,}81 \cdot \Psi\right) \tag{6.8}$$

und

$$\eta_1\left(\Psi\right) = 1{,}0001 - \cos\left(0{,}071 \cdot \Psi\right) \tag{6.9}$$

approximiert werden.

## 6.3.2 Filterung interferierender Signalquellen

Analog zu Abschnitt 6.2.1 untersuchen wir zunächst die Unterdrückung von gerichteten Interferenzsignalen. Hierbei stellt sich die Frage, welchen Winkelunterschied die Störquelle von der Nutzsignalquelle am Empfänger einhalten muss, damit beide Quellen möglichst vollständig unterschieden werden können. Im Sinne maximaler Interferenzunterdrückung gehen wir bei den folgenden Berechnungen davon aus, dass die komplette Fläche der PD abgedunkelt sein muss, damit keine Leistung detektiert wird. Aus den in Abbildung 6.10 skizzierten geometrischen Zusammenhängen ergibt sich je nach Position der Bildschirmpixel ein mindestens notwendiger Winkelunterschied. Als obere Schranke kann dieser, in Abhängigkeit vom mittleren Einfallswinkel $\chi$, zu

$$\delta_{\mathrm{LCD}} = \arctan\left(\tan\chi + \frac{a+p}{2\cdot f}\right) - \arctan\left(\tan\chi - \frac{a+p}{2\cdot f}\right) \tag{6.10}$$

angegeben werden.

Entsprechend ergibt sich mit den beispielhaft gewählten Parametern eine überlappungsfreie Signaltrennung nach Abbildung 6.11. Dieser Winkelunterschied muss in beide Raumrichtungen $\varphi$ und $\vartheta$ eingehalten werden. Mit unserer Annahme eines interferenzbegrenzten Systems, d. h.

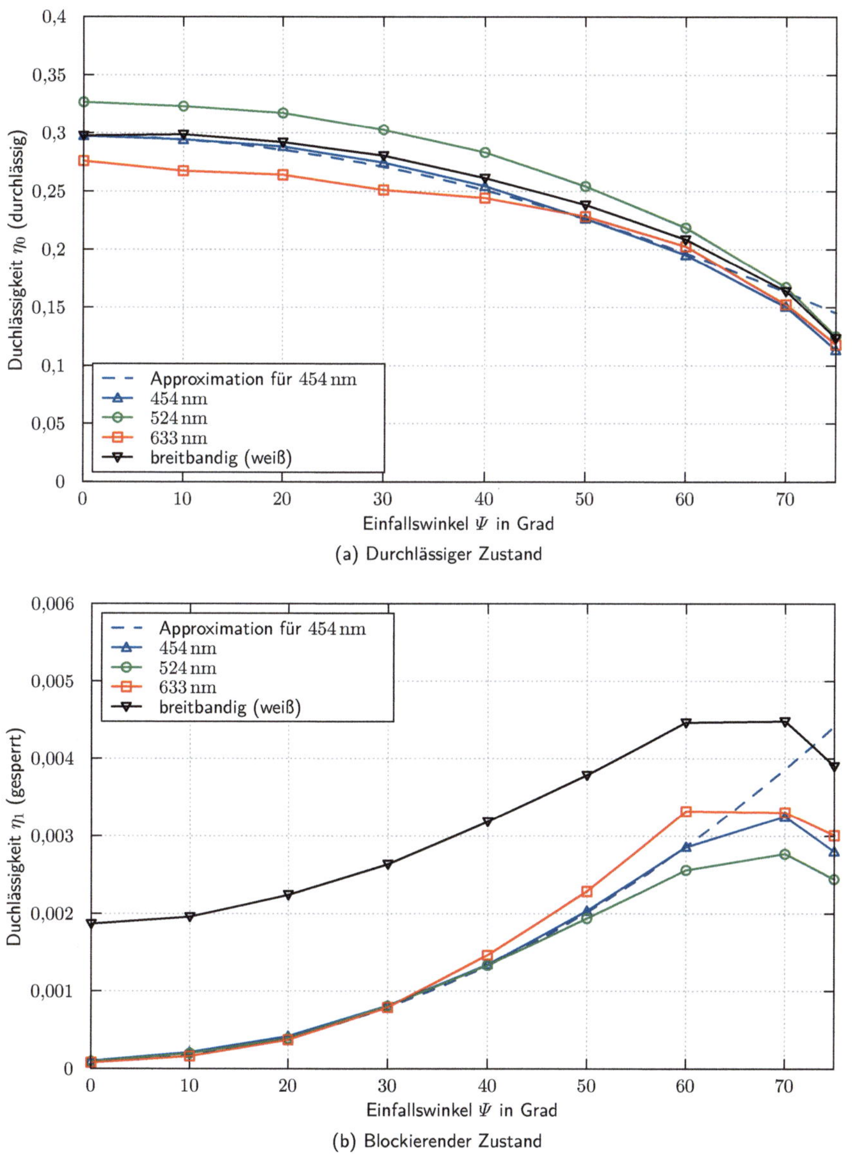


(a) Durchlässiger Zustand

(b) Blockierender Zustand

Abbildung 6.9: Messergebnisse für das LC-Element in Abhängigkeit von Wellenlänge und Eintrittswinkel

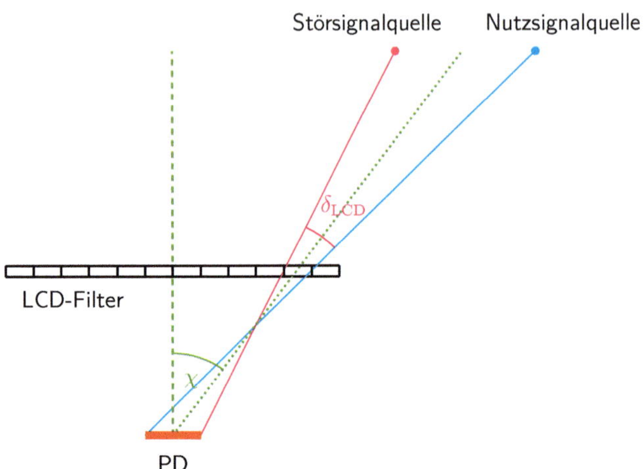



Abbildung 6.10: Geometrische Überlegung zum notwendigen Winkelabstand zur vollständigen Trennung zweier optischer Signalquellen

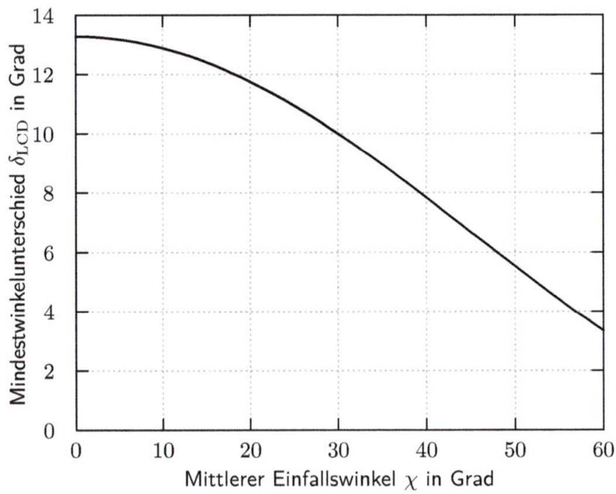



Abbildung 6.11: Notwendiger Winkelunterschied zwischen Nutz- und Störsignalquelle damit eine vollständige Trennung der beiden Signalanteile durch das LCD möglich ist

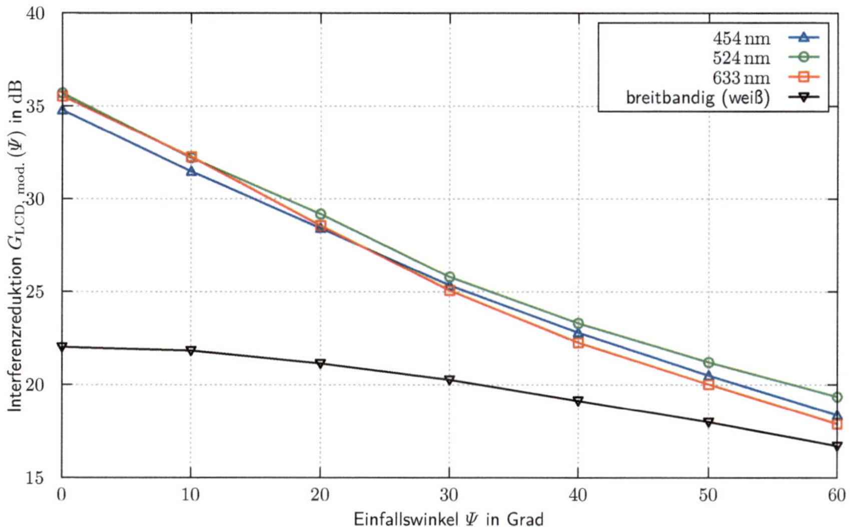


Abbildung 6.12: Unterdrückung von Interferenzsignalen durch den Einsatz des aktiven Filters

unter der Vernachlässigung von weiteren Rauschprozessen etwa in der Empfangsdiode, können die in Abbildung 6.12 dargestellten Dämpfungswerte

$$G_{\text{LCD, mod.}}(\Psi) = \frac{\eta_0(\Psi)}{\eta_1(\Psi)} \tag{6.11}$$

von Störlichtquellen gegenüber dem Nutzsignal realisiert werden.

### 6.3.3 Reduktion der solar induzierten Rauschsignalanhebung

Ausgehend von einer Punktlichtquelle im Abstand $d$ von der PD und einem Einfallswinkel von $\chi$ kann die Anzahl der von dem Strahlenbündel durchdrungenen Pixel pro Raumrichtung nach den geometrischen Überlegungen in Abbildung 6.13a zu

$$N_P = \left\lceil \frac{a}{p}\left(1 - \frac{f}{\cos\chi \cdot d}\right) \right\rceil + 1 \tag{6.12}$$

berechnet werden, sodass das Nutzsignal auf der kompletten Sensoroberfläche eintrifft. In unserem Beispiel ergibt sich ein von der Entfernung der angenommenen Signalquelle und dem Eintrittswinkel weitgehend unabhängiger Wert von $N_P = 18$ Pixel, da aufgrund der geometrischen Abmessungen ab einem Abstand von $2\,\text{m}$ in guter Näherung von einem paral-

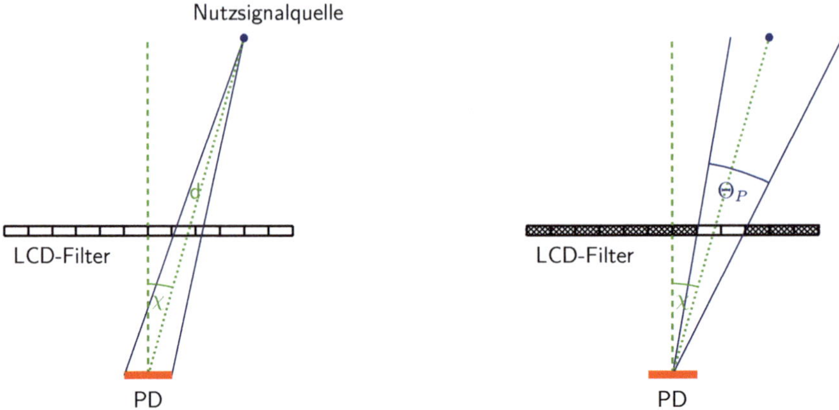



(a) Anzahl der von einer Punktquelle durchdrungenen Pixel  (b) Resultierender Öffnungswinkel des LCD

Abbildung 6.13: Geometrische Zusammenhänge am LCD

lelen Strahlenbündel mit einem Querschnitt identisch zu der Sensoroberfläche ausgegangen werden kann. Auf Grundlage der Anzahl durchlässig geschalteter Bildschirmpixel kann der Öffnungswinkelbereich $\Theta_P$ der Filteranordnung in Abhängigkeit vom Einfallswinkels $\chi$ bestimmt werden:

$$\Theta_P\left(\chi\right) = \arctan\left(\frac{N_P \cdot p}{2 \cdot f} + \tan\chi\right) + \arctan\left(\frac{N_P \cdot p}{2 \cdot f} - \tan\chi\right). \tag{6.13}$$

Das Ergebnis ist beispielhaft in Abbildung 6.14 gezeigt. Die abschließende Bestimmung der Interferenzreduktion erfolgt mittels Integration über die Kugeloberfläche unter der Annahme, dass die Interferenzleistung über alle Raumrichtungen mit der gleichen Intensität $p_{\mathrm{solar}}$ auf den Detektor trifft.

Bei der Nutzung des LCD-Filters werden $N_P^2$ Pixel zur Detektion des Nutzsignales durchlässig geschaltet. Auf diese Weise ergibt sich ein rechteckiger Ausschnitt auf der Kugeloberfläche, der mit dem Mittelwinkeln $\Psi$ beschrieben werden kann. Für die solare Interferenzleistung, welche über diesen durchlässigen Bereich des LCDs (vgl. Abbildung 6.15) den PD erreicht, gilt:

$$P_{\mathrm{solar}}^{\mathrm{durchl.}}\left(\Psi\right) = p_{\mathrm{solar}} \int_{\varphi=-\Theta_P(0)/2}^{\Theta_P(0)/2} \int_{\vartheta=\Psi+\pi/2-\Theta_P(\Psi)/2}^{\Psi+\pi/2+\Theta_P(\Psi)/2} \eta_0\left(\Psi\right) \mathrm{d}A. \tag{6.14}$$

Das differentielle Flächenelement

$$\mathrm{d}A = \sin\vartheta\,\mathrm{d}\vartheta\,\mathrm{d}\varphi \tag{6.15}$$

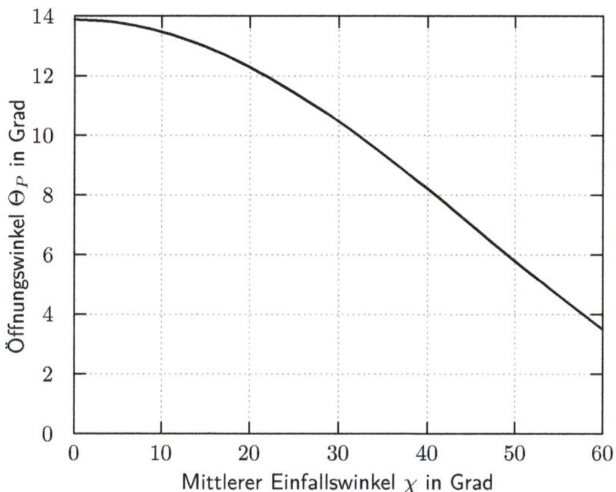

Abbildung 6.14: Effektiver Öffnungswinkel der LCD-Filteranordnung für $N_P = 18$

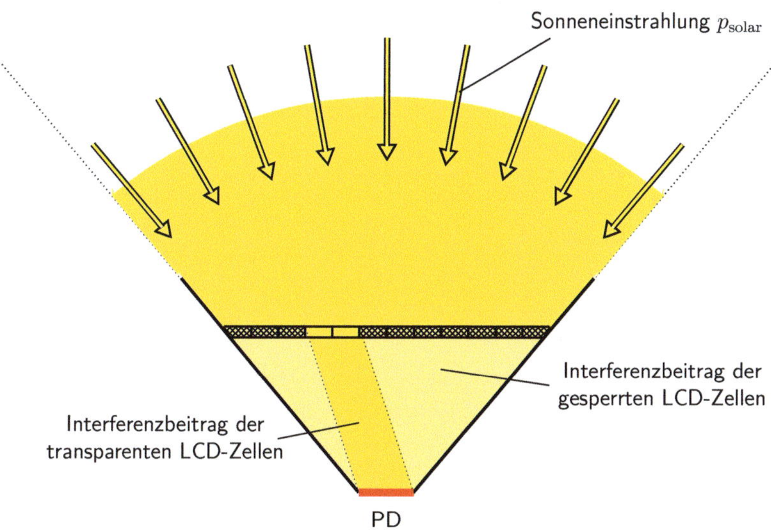


Abbildung 6.15: Verbleibende Interferenzanteile bei der LCD-basierten Filterung der einfallenden solaren Leistung

beschreibt die Kugeloberfläche, und der Winkel $\Psi$ folgt aus (A.11). Da das LCD auch im gesperrten Zustand einen Teil der einfallenden Leistung durchlässt (vgl. Abbildung 6.15), muss der Anteil

$$P_{\text{solar}}^{\text{gesperrt}}(\Psi) = p_{\text{solar}} \int_{\varphi=-\pi/3}^{\pi/3} \int_{\vartheta=\pi/6}^{5\pi/6} \eta_1(\Psi)\, \mathrm{d}A \tag{6.16}$$

als Integral über den Öffnungswinkel der Filteranordnung von $\Theta_L = 120\,^\circ$ berücksichtigt werden. In Summe folgt für die solare Interferenzleistung bei Einsatz des LCD-Filters

$$P_{\text{solar}}^{\text{mit LCD}} = P_{\text{solar}}^{\text{durchl.}}(\Psi) + P_{\text{solar}}^{\text{gesperrt}}(\Psi)\,. \tag{6.17}$$

Mit diesem Ansatz wird der durchlässige Bereich fälschlicherweise zusätzlich mit der Durchlässigkeit des LCD im gesperrten Zustand beaufschlagt. Dieser Fehler kann jedoch unter der Annahme $\eta_0(\Psi) \gg \eta_1(\Psi)$ vernachlässigt werden. Die Nutzsignalleistung wird im durchlässigen Bereich durch die Filterung mit $\eta_0(\Psi)$ gedämpft. Die Verbesserung des Signal/Interferenz-Leistungsverhältnisses (signal-to-interference ratio, SIR) ergibt sich zu

$$G_{\text{LCD, solar}}(\Psi) = \frac{\eta_0(\Psi) \cdot P_{\text{solar}}^{\text{ohne LCD}}}{P_{\text{solar}}^{\text{mit LCD}}(\Psi)}\,. \tag{6.18}$$

Aus der Annahme, dass das Rauschen durch die interferenzinduzierte Rauschleistung dominiert wird, folgt eine SNR-Verbesserung um $G_{\text{LCD, solar}}(\Psi)$. Der Term

$$P_{\text{solar}}^{\text{ohne LCD}} = p_{\text{solar}} \int_{\varphi=-\pi/3}^{\pi/3} \int_{\vartheta=\pi/6}^{5\pi/6} \mathrm{d}A \tag{6.19}$$

beschreibt die Interferenzleistung welche ohne den Einsatz des LCD-Filters an der PD detektiert würde.

Ergebnisse werden in Abbildung 6.16 gezeigt. Die Dämpfungswerte fallen deutlich geringer aus, als die Resultate zur Unterdrückung gerichteter Störquellen per LCD-Filter in Abbildung 6.12. Der Grund ist, dass die gerichtete Interferenzleistung vollständig mit dem Dämpfungsfaktor $\eta_1$ beaufschlagt werden kann, während die ungerichtete solare Interferenz in dem notwendigerweise für die Detektion des Nutzsignals geöffneten Winkelbereich des LCD den PD mit $\eta_0$ nahezu ungedämpft erreicht. Da nur ein Teil der solaren Leistung diffus, d. h. nach unserer Annahme über alle Raumwinkel gleichverteilt, am Detektor eintrifft und der verbleibende Teil der Interferenzleistung ohne Reflexionen auf dem direkten Pfad von der Sonne ausgehend den Empfänger erreicht, können sich je nach Szenario auch deutlich bessere Dämpfungswerte ergeben. Deshalb sind die vorgestellten Ergebnisse als untere Schranke zu bewerten. Anzumerken ist außerdem, dass die höheren Gewinne unter flachen Einfallswinkeln nach Abbildung 6.16 auf der Abnahme der durch den geöffneten Bereich dringenden solaren Leistung aufgrund der kleiner werdenden Öffnungswinkel nach Abbildung 6.14 beruhen.

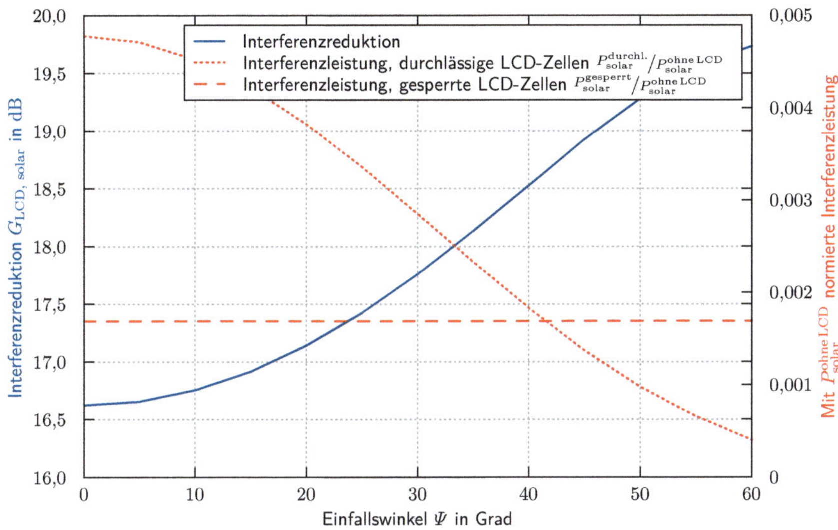

Abbildung 6.16: Ergebnisse zur Reduktion der diffusen solaren Interferenz mittels LCD-basierter Filterung

## 6.4 Auswertung

Im ersten Abschnitt dieses Kapitels haben wir die wellenlängenabhängige Filterung der Sonneneinstrahlung untersucht. Die Resultate verdeutlichen den starken Einfluss der solaren Interferenz auf die Leistungsfähigkeit der optischen Übertragungsstrecke für das repräsentativ ausgewählte Szenario. Als eine mögliche Gegenmaßnahme wurde die Kombination verschiedener PDs und Filter in Abhängigkeit der Strahlungsintensität untersucht.

In Abschnitt 6.2 und Abschnitt 6.3 wurden anschließend zwei winkelabhängige Filtermethoden vorgestellt. Diese stehen jedoch nicht in Konkurrenz zur wellenlängenabhängigen Filterung, sondern sind mit dieser kombinierbar. Sowohl die Facettenblende als auch die LCD-basierte Filterung erlauben eine Unterdrückung von als punktförmig angenommenen Störstrahlern, falls ein ausreichender Winkelunterschied zur Nutzsignalquelle besteht. Im Falle des beispielhaft untersuchten LCD-Elements beträgt die Störunterdrückung zwischen $20\,\mathrm{dB}$ und $35\,\mathrm{dB}$, wohingegen die Signaltrennung mittels Facettenblende theoretisch perfekt ist, jedoch abhängig von der Anzahl der Detektoren nur mit einer gewissen Wahrscheinlichkeit realisiert werden kann. Bezüglich der Reduktion von solarer Interferenz ist die Facettenblende hingegen wenig geeignet, da bereits eine Kombination mehrerer Detektoren nach Abschnitt 5.2 ohne die vorgeschlagene Filtermethode wirksamer ist. Beiden vorgestellten Filtermethoden ist gemein, dass die Reduktion der deterministischen Interferenzen nicht nur zu einer Reduktion des Schrotrauschens führt, sondern auch einer Sättigung des Empfängers entgegenwirkt. Das LCD-Filter kann darüber hinaus auch als einstellbares Dämpfungsglied eingesetzt werden, z. B. wenn sich Sender und Empfänger in geringem Abstand zueinander befinden. Ein weiterer Vorteil der Filter auf Basis der Signalrichtung ist die Möglichkeit zur Reduktion der Selbstinterferenz nach Abschnitt 5.1. Des Weiteren sei auf die Möglichkeit des Einsatzes alternativer Anzeigetechnologien anstelle des LCDs, wie digitale Micoshutter [SBF+10] oder Polymer-dispergierte Flüssigkristalle (polymer dispersed liquid crystal, PDLC) [KFPH19] verwiesen. In [KFHP19] wird die Leistungsfähigkeit der LCD-basierten Filterung im Bereich der MIMO-Kommunikation untersucht.

Im Ergebnis ist die Kombination einer LCD-basierten, winkelabhängigen Filterung mit einem BE-PD und einem Farbglasfilter eine vielversprechende Maßnahmenkombination zur Optimierung des optischen Übertragungskanals bezüglich der Interferenzunterdrückung und birgt das Potenzial einer signifikanten SNR-Verbesserung.

# 7
# Realisation des openBlue-Modems

## 7.1 Mechanischer Aufbau

In dieser Arbeit werden zwei Methoden zum Schutz der elektronischen Komponenten vor dem Kontakt mit Wasser untersucht. Zum einen gibt es die Möglichkeit des druckneutralen Vergusses. Hierbei isoliert eine elastische Dichtmasse, welche um Lufteinschlüsse zu vermeiden in Vakuumtechnik eingebracht wird, die Komponenten vom umgebenden Wasser. Der um etwa 1 bar pro 10 m Wassertiefe erhöhte Umgebungsdruck wird an die vergossenen Komponenten weitergegeben. Entsprechend aufwendig ist insbesondere die Bauteilqualifizierung, da sich mit steigendem Druck z. B. die Eigenschaften von Bauteilen, wie die Kapazität von Kondensatoren, verändern und bereits kleinste Lufteinschlüsse zur Beschädigungen führen können. Vorteilhaft sind die vergleichsweise niedrigen Kosten der Technik und die erreichbare Zuverlässigkeit. Allerdings ist das Vergießen der Komponenten vergleichsweise unflexibel und erlaubt keine nachträglichen Veränderungen der Aufbauten, weshalb diese Methode nur für die Sende- und Empfangseinheiten, wie in Abbildung 7.1 gezeigt, untersucht wurde. Die konventionelle Alternative ist der Einsatz eines Druckkörpers, welcher den erhöhten Umgebungsdruck nicht an die enthaltenen Komponenten weitergibt. Dies hat eine der zulässigen Wassertiefe entsprechend starke Dimensionierung des Gehäuses zur Folge und birgt Risiken, wie das Eindringen von Wasser bei Versagen von Abdichtungen, bis hin zu Verlust eines kompletten Unterwasserfahrzeugs durch Verringerung des Gesamtauftriebs durch das Kollabieren einer Baugruppe, wie in [Sho14] beschrieben.

Der Druckkörper des openBlue-Modems, gezeigt in Abbildung 7.2, ist als Röhre ausgebildet, welche beidseitig mit Deckelplatten abgeschlossen ist. Die Abdichtung erfolgt jeweils über einen O-Ring, welcher durch die beiden verschraubten Abschlussplatten in eine umlaufende Nut der Röhre gedrückt wird. Röhre und rückwärtige Platte sind aus Aluminium gefertigt und eloxiert, um eine Beständigkeit u. a. gegen Chlor im Schwimmbad zu erreichen. Eine hilfreiche Materialeigenschaft von Aluminium ist die im Vergleich zu legierten Stählen oder Titan etwa die

(a) Sendeeinheit mit Oslon-LED und ISL55110-Gate-Treiber

(b) Empfänger in drehbarer Halterung mit Rasterungung in 5° Schritten

Abbildung 7.1: In Vakuumtechnik druckneutral vergossene Sende- und Empfangseinheiten

Abbildung 7.2: Foto des openBlue-Modems mit Haltegriff und Standfüßen

15-fach bessere Wärmeleitfähigkeit, welche vorteilhaft zur Abführung der insbesondere durch die Sendehardware erzeugten Verlustleistung genutzt werden kann. Die Abmessungen der Röhre sind mit 12,9 cm Außendurchmesser, 10 cm Innendurchmesser und 16,5 cm Länge an bereits am Lehrstuhl vorhandene Druckbehälter angelehnt. Um eine Durchlässigkeit bezüglich der optischen Signale zu erreichen, ist die vordere Abschlussplatte aus Plexiglas (polymethylmethacrylat, PMMA) mit einer Stärke von 8 mm ausgeführt. Die Beständigkeit gegen den Umgebungsdruck ist in dieser Realisierung durch die PMMA-Platte begrenzt. So ergibt eine überschlagsmäßige Rechnung für die Aluminiumröhre, ohne Berücksichtigung des abstützenden Moments der Abschlussplatten, einen Versagensdruck von 300 Bar, wohingegen dieser für die PMMA-Front bei 15 Bar liegt. Drucktests wurden an den Prototypen jedoch nicht durchgeführt.

Abbildung 7.3: Die bis auf den zur Übersichtlichkeit entfernten Akkumulator vollständige Modemelektronik. Sichtbar sind die fünf auf der Frontplatte aufgeschraubten LED-Treiber, das RedPitaya mit Adapterplatine auf der Unterseite der Trägerplatte und die Spannungsversorgungsplatine auf der Oberseite. Außerdem sind die Anschlusskabel der auf der Vorderseite angebrachten Empfängerplatine und ein Reed-Schalter (weißer Zylinder) erkennbar.

Ein weiterer Aspekt ist die Auswirkung des Gehäuses auf den optischen Kanal, denn es sind ausgehend von der Sendediode die Medienübergänge mit den entsprechenden Brechungsindizes Luft ($n_L \approx 1$) $\rightarrow$ PMMA ($n_P \approx 1{,}49$) $\rightarrow$ Wasser ($n_W \approx 1{,}3$) zu berücksichtigen. Diese mehrfachen Medienübergänge führen zu einer Verringerung des Halbwertswinkels der genutzten LEDs von $58\,°$ auf $44\,°$ und wirken sich analog auf die PD-Richtwirkung aus. Bei Einsatz von Glas anstelle von PMMA sind je nach Glassorte ähnliche Ergebnisse (Kronglas $n_K \approx 1{,}46$) zu erwarten.

## 7.2 Schaltungstechnik

Die Elektronik des openBlue-Modems setzt sich aus vier Baugruppen (vgl. Abbildung 7.3) zusammen. Gewissermaßen den Kern bildet das kommerziell erhältliche RedPitaya-Messsystem, welches zwei ARM7 Prozessorkerne und einen programmierbaren Logikbaustein (field programmable gate array, FPGA) beinhaltet, über den wiederum je zwei leistungsfähige Analog-Digital-Wandler (analog-to-digital converter, ADC) und DAC angebunden sind. Diese Anordnung bietet den Vorteil, dass die notwendigerweise taktgenaue Signalerfassung und Signalausgabe mit dem FPGA erfolgen kann, während die flexibler programmierbaren Prozessorkerne die Signalverarbeitung sowie die Anbindung einer Netzwerkschnittstelle übernehmen.

Die fünf Sendeeinheiten (vgl. Abbildung 7.4b) sind nach 1.1 als binäre Signalquellen, bestehend aus einer Luxeon-LED, welche über einen Vorwiderstand bei etwa der Hälfte ihrer Nennleistung von $40\,\mathrm{W}$ betrieben wird, und einem IXDN614-FET-Treiber [Dat17c] aufgebaut. Zur Reduktion der Umschaltverluste werden die Treiber nach Abbildung 1.3 mit einer Biasspannung von $U_{\mathrm{bias}} = 36\,\mathrm{V}$ und einer Versorgungsspannung von $U_{\mathrm{LED}} = 48\,\mathrm{V}$ betrieben. Das Abführen der Verlustleistung wird durch die Verschraubung der Treiber auf der Rückseite und der LEDs auf der Vorderseite einer Trägereinheit aus Aluminium ermöglicht, welche in Kontakt mit dem Außengehäuse steht. Die Ansteuerung der fünf unabhängig schaltbaren, optischen Signalquellen erfolgt über entsprechend verstärkte Digitalausgänge des FPGA. Da das RedPitaya, wie eingangs beschrieben, auch zwei analoge Ausgänge zur Verfügung stellt, wäre eine Nutzung wertkontinuierlich modulierter Signalquellen zu einem späteren Zeitpunkt unproblematisch umsetzbar.

Empfangsseitig kommt eine TIA-Verstärkerschaltung nach der Beschreibung in 1.2 auf Basis einer Thorlabs FDS100-Si-PD [Dat17b] mit einer vergleichsweise großen Detektorfläche von $13\,\mathrm{mm}^2$ und einem Linear LT6268-OA [Dat15] zum Einsatz. Diese erste Verstärkerstufe mit einem Verstärkungsfaktor von 2610 wird von einer zweite Verstärkerstufe mit einer zusätzlichen Verstärkung von 32 ergänzt, um einen hinreichenden Pegel an den Eingängen des ADC zur Verfügung zu stellen. Mit dem GBP der OAs ergibt sich eine Bandbreite der Empfängerschaltung von etwa $30\,\mathrm{MHz}$. Das verstärkte Empfangssignal wird auf die beiden ADCs des RedPitayas geführt. Zur Erhöhung des darstellbaren Dynamikbereichs ist der zweite Analogeingang des RedPitayas um den Faktor 10 gegenüber dem ersten abgeschwächt. Darüber hinaus enthält die Verstärkerplatine zwei Linearregler zur rauscharmen Spannungsversorgung der Komponenten.

Die Energieversorgung des Modems kann wahlweise über eine wasserdichte Steckverbindung, welche außerdem die Netzwerkverbindung aus dem Gehäuse führt, oder den intern verbauten Akku erfolgen. Die Auswahl erfolgt implizit, indem der Akkumulator über eine Seriendiode mit der externen Versorgung verbunden ist, sodass eine Versorgung über die externe Spannungsquelle erfolgt, solange diese die Akkuspannung übersteigt. Der interne Lithium-Polymer (LiPo) Akkumulator wird von einem Batteriemanagementsystem u. a. hinsichtlich der Mindestzellspannungen und der zulässigen Lade- und Entladeströme überwacht. Zwei Reed-Schalter an der Vorderfront des Modems ermöglichen das Ein- und Ausschalten der Elektronik durch externe Betätigung mittels Magnet, ohne dass das Gehäuse geöffnet werden muss. Die beiden Schalter steuern zu diesem Zweck über eine Selbsthalteschaltung das Batteriemanagementsystem an. Die

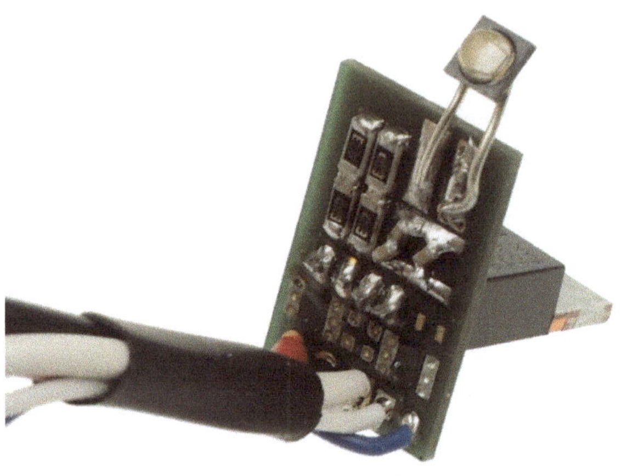

(a) Aufbau mit Oslon-LED

(b) Aufbau mit Luxeon-LED, wie er im Unterwassermodem eingesetzt wird

Abbildung 7.4: Zwei verschiedene LED-Typen mit IXDN614-Gate-Treiber

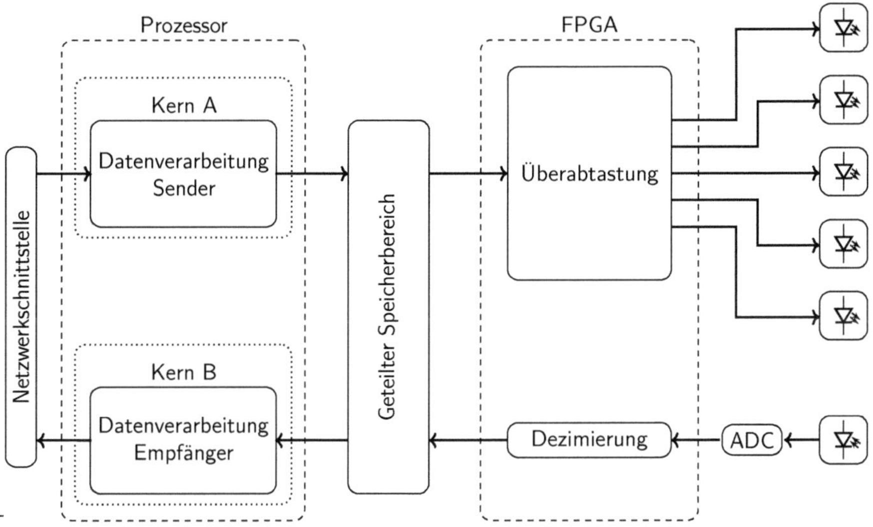


Abbildung 7.5: Blockschaltbild der Modemarchitektur

verschiedenen für den Betrieb der Komponenten benötigten Versorgungsspannungen werden aus vier Schaltreglermodulen bezogen.

## 7.3 Softwareumsetzung

Die Softwareimplementierung des openBlue-Modems erfolgt nach dem SDR-Prinzip. Dies bedeutet, dass die Sende- und Empfangslogik in Form eines veränderlichen Computerprogramms vorliegt und deshalb prinzipiell beliebige Synchronisations-, Modulations- und Codierverfahren implementiert werden können.

Die Verarbeitung gliedert sich in in zwei Teile (vgl. Abbildung 7.5): Die Ansteuerung der ADCs sowie der Sendedioden erfolgt mit einem FPGA, welcher die echtzeitkritische Verarbeitung der Signale übernimmt und über einen geteilten Speicherbereich mit den zwei Prozessorkernen der Hardwareplattform kommuniziert . Dort werden die Sequenzen mit einer in C++ entwickelten Modemsoftware blockweise verarbeitet. Als Grundlage diente die Open Source Softwarebibliothek IT++ [GPL].

Da die Untersuchung verschiedener Modulations- und Codierverfahren den Schwerpunkt dieser Arbeit bildet, wurde die Struktur der Übertragungsblöcke so gewählt, dass eine flexible Anpassung an verschiedene Verfahren möglich und eine Synchronisation zu jedem Zeitpunkt sichergestellt ist. Zu diesem Zweck werden in jedem Block nach Abbildung 7.6, neben den Nutzdaten, eine

Trainingssequenz zur Synchronisation und Kanalschätzung sowie zusätzliche Metainformationen übertragen. Diese sind mit einem 16-RC gegen Verfälschungen gesichert und umfassen einen Index, d. h. die Position des Blocks innerhalb des Rahmens, sowie Informationen über die eingesetzten Modulations- und Codierverfahren. Da eine leistungseffiziente Kanalcodierung nur bei Verwendung von verhältnismäßig langen Sequenzen möglich ist, werden 32 Blöcke zu einem Rahmen zusammengefasst und der Dateninhalt dieser Blöcke gemeinsam codiert.

Sendeseitig werden die Quelldaten, wie in Abbildung 7.7 dargestellt, rahmenweise aus einem Speicher nach dem Prinzip einer Warteschlange (first in – first out, FIFO) entnommen und mit einem Kanalcode geschützt. Implementiert wurden Gallager-Codes (low-density parity-check codes, LDPC) nach dem DVB-S2 Standard mit den Coderaten $1/4$, $1/3$, $2/5$, $1/2$, $3/5$, $2/3$, $3/4$, $4/5$, $5/6$, $8/9$ und $9/10$ sowie RCs mit zwei- und vierfacher Wiederholung. Die Codewörter werden anschließend blockweise moduliert und das Ergebnis gemeinsam mit den Metainformationen und der Trainingssequenz in einem Sende-FIFO abgelegt. Von dort werden die Daten bei Signalisierung durch den FPGA in den geteilten Speicherbereich zur Aussendung kopiert.

Die Empfängerstruktur ist in Abbildung 7.8 dargestellt. Die Kommunikation mit dem FPGA erfolgt als Ringpuffer im geteilten Speicherbereich, welcher Symbole im Umfang von zwei Rahmen bereithält. Auf Grundlage der nachgeschalteten Synchronisation wird der Speicher rahmenweise, beginnend bei $\hat{t}_{\mathrm{sync}}$, ausgelesen und die Symbole aus dem 16-fach überabgetasteten Empfangssignal durch Mittelwertbildung zurückgewonnen. Die Überabtastung ist notwendig, da es in der gewählten Umsetzung nicht möglich ist, den Abtastzeitpunkt am ADC zu beeinflussen. Ein alternativer Ansatz wird in [HR01] beschrieben. Als Synchronisationsmethode wird eine Korrelation mit den bekannten Trainingsdaten genutzt. Diese erfolgt initial zur Identifikation eines Blockanfangs in etwa über den Bereich von zwei Blöcken und wird von da an auf einen Versatz von wenigen Abtastwerten beschränkt, um mögliche Uhrenunterschiede zwischen Sender und Empfänger durch das Weglassen bzw. Einfügen einzelner Korrekturabtastwerte nachzuführen. Anschließend erfolgt eine Demodulation mit dem aus den Metainformationen extrahierten Modulationsverfahren, und die einzelnen Blockdaten werden mithilfe ihres Index, ebenfalls aus den Metainformationen, wieder zu einem Rahmen zusammengesetzt und in einem FIFO zwischengespeichert. In einem nächsten Verarbeitungsschritt folgt die Decodierung anhand der Codeinformation aus den Metainformationen.

Die Demodulations- und Decodieralgorithmen wurden zur Maximierung ihrer Leistungsfähigkeit auf Basis des sogenannten Log-Likelihood Verhältnis (log-likelihood ratio, LLR) implementiert. Dies bedeutet, dass Informationen über die Zuverlässigkeit der Schätzwerte verarbeitet bzw. von dem Demodulator an den Decoder weitergegeben werden. Als Modulationsverfahren stehen OOK, SAM, PPM und CSIM/CSIC zur Verfügung. Für die LLR-basierte Demodulation von PPM sei auf [XKB09] verwiesen.

Auf den Einsatz eines Interleavers wurde verzichtet, da dies innerhalb eines LDPC-Codewortes keine Vorteile verspricht und eine zusätzliche Zeitverzögerung durch die Verschränkung mehrer Codewörter vermieden werden soll. Auch ein sonst typischerweise vorzufindender äußerer Code zur Korrektur der nach der inneren Decodierung verbliebenen Restfehler wurde nicht implementiert.

Auf Grundlage dieser Verarbeitungsstrukturen beherrscht das Modem zwei Betriebsarten. Zum ersten kann openBlue als „OSI-Layer 2 Bridge" konfiguriert werden. In diesem Fall können über die Netzwerkschnittstellen der beiden RedPitayas mehrere Netzwerksegmente, für den Nutzer transparent, verbunden werden, wobei die Netzwerkimplementierung des Linux-Betriebssystems Aufgaben wie die Routingentscheidungen oder das erneute Versenden defekter Pakete übernimmt. Im zweiten Fall überträgt das Modem kontinuierlich bekannte Zufallsdaten, um eine Vermessung der Übertragungsstrecke, etwa bezüglich der BFR, durchzuführen. Eine Bestimmung des Kanalverstärkungsfaktors und des SNR erfolgt in beiden Fällen anhand der bekannten Trainingsdaten.

Neben dem Echtbetrieb als Modem erlaubt die Softwarearchitektur eine realitätsnahe Nachbildung des Übertragungskanals, so dass z. B. das Synchronisationsverfahren mit Zeitnachführung simulativ untersucht werden konnte. Auch die Simulationsergebnisse zu den verschiedenen Modulationsverfahren und den Fehlerraten bei Einsatz von Kanalcodierung wurden unter Zuhilfenahme der Modemsoftware gewonnen.

## 7.4 Leistungsfähigkeit des Modems

Exemplarisch wird in diesem Kapitel die Leistungsfähigkeit des openBlue-Modems anhand der Annahmen in Abschnitt 6.1.3 untersucht. Als Empfänger wird die in dem Modem verwendete Kombination aus FDS100 PD mit FGB7 Vorfilter vorausgesetzt. Je nach Wassertiefe, d. h. Stärke der solaren Interferenz ergibt sich nach Abbildung 6.4 in etwa ein $E_{\mathrm{s,opt.}}^{*}/N_0^{*}$ im Bereich von $1\,\mathrm{dB}$ an der Wasseroberfläche bis zu $22\,\mathrm{dB}$ in $30\,\mathrm{m}$ Wassertiefe. Mit der Nutzung des LCD-Filters zur Reduktion der solaren Interferenz kann nach Abbildung 6.16 eine zusätzliche Verbesserung des optischen SNRs von bis zu $19{,}5\,\mathrm{dB}$ erreicht werden.

Die hohe Dynamik des SNRs von $21\,\mathrm{dB}$ bei einer festen Distanz von $5\,\mathrm{m}$, die starke Abhängigkeit der Empfangsleistung von der Ausrichtung des Senders und des Empfängers bedingt durch deren ausgeprägt Richtwirkung und die hohen Dämpfungswerte des Kanals legen den Einsatz von leistungsfähigen Codier- und Modulationsverfahren zur Abdeckung der verschiedenen Kanalzustände nahe.

Ein offensichtliches Kriterium für die Auswahl einer Kombination aus Kanalcode und Modulator ist die BFR. Je nach Anwendungsfall werden an diese jedoch sehr unterschiedliche Anforderungen gestellt. So sind z. B. bei einer Videoübertragung einzelne Bitfehler tolerierbar, während bei der Übertragung von Steuerkommandos an ein Unterwasserfahrzeug eine hohe Zuverlässigkeit der

Übertragung unerlässlich ist. Wie in Abschnitt 7.3 ausgeführt, kann deshalb gegebenenfalls ein äußerer Code zur Reduktion der verbleibenden Restfehler eingesetzt werden. Zur Bestimmung der Fehlerraten nach der äußeren Decodierung sei auf [AAL+15] verwiesen. Für die innere Codierung wird eine Fehlerrate von $10^{-3}$ angestrebt.

Neben der Auswahl verschiedenen Modulations- und Codierverfahren ist eine Änderung der Taktrate des Senders eine weitere Möglichkeit der Kanaladaption. Solange die Bandbreite der Empfangsschaltung unverändert bleibt entspricht diese Möglichkeit jedoch im Wesentlichen der RC-Codierung und wird nachfolgend mit der Wahl einer festen Raten von $10 \cdot 10^6 \, \mathrm{Takt/s}$ ausgeschlossen.

In den Abbildungen 7.9 und 7.10 sind die BFRs für die Modulationsverfahren CSIC, OOK und PPM in Kombination mit einer LDPC-Codierung zusammengestellt. Im Falle von CSIC wird exemplarisch der $\sum_5 (6, 2, \infty, \infty) \mid_0^4 - {}^6/_5$ Modulator untersucht. Die Simulationsergebnisse mit einem Rate $R_c = {}^1/_2$ LDPC-Code zeigen einen Verlust um $14\,\mathrm{dB}$ für das CSIC-Verfahren gegenüber OOK und ein Gewinn von $3\,\mathrm{dB}$, $8\,\mathrm{dB}$ bzw. $13\,\mathrm{dB}$ für 2-PPM, 4-PPM bzw. 8-PPM. Der vergleichsweise hohe Leistungsbedarf von CSIC beruht auf den Sequenzbeschränkungen und der daraus resultierenden kleineren Distanz der Konstellationspunkte im Vergleich zu OOK. Andererseits ermöglicht CSIC bei den gewählten Parametern eine Steigerung der Senderate um ${}^6/_5 \cdot 6$ gegenüber OOK, falls die Taktrate dem Schaltgeschwindigkeitslimit der Sendehardware entspricht, da unter der Annahme $d_0 = 6$ und $d_1 = 2$ ein OOK Symbol sechs Takte umfassen muss, um die Schaltbeschränkungen nicht zu verletzen. Mit einem zur Erfüllung der BFR-Forderung notwendigen SNR von $9{,}4\,\mathrm{dB}$ kann CSIC in dem gewählten Szenario bis zu einer solaren Intensität von $\xi = 2 \cdot 10^{-1}$ in Kombination mit einem Rate ${}^1/_2$ LDPC-Code eingesetzt werden.

Unter weniger günstigen Kanalbedingungen muss auf entsprechend robustere Verfahren zurückgegriffen werden. So ist mit der Auswahl eines 8-PPM Modulators in Kombination mit einem Rate ${}^1/_4$ LDPC-Code eine fehlerarme Kommunikation bis zu einem $E^*_{\mathrm{s,opt.}}/N^*_0$ von $-16{,}5\,\mathrm{dB}$ möglich. Bei den angenommen Dämpfungswerten kann damit die Reichweite des Modems nach (5.4) im Vergleich zu dem CSIC-Verfahren von $5\,\mathrm{m}$ auf $9{,}3\,\mathrm{m}$ fast verdoppelt werden. Dieser Gewinn ergibt sich aus einem Abtausch von Bandbreiten- und Leistungseffizienz. Entsprechend reduziert sich die Modulationsrate etwa um den Faktor 6 von $R_{\mathrm{CSIC}} \cdot R_c = {}^6/_5 \cdot {}^1/_2$ auf $R_{\mathrm{PPM}} \cdot R_c = \log_2(8)/8 \cdot {}^1/_4$. Zusammengefasst ermöglichen die verschiedenen Modulator-/Codiererkombinationen eine feinstufige Adaption an den jeweiligen Zustand des Unterwasserkanals.

Eine echtzeitfähige Implementierung der vorgeschlagenen Decodierstruktur ist in der derzeitigen Realisierung des openBlue-Modems nicht gegeben. Eine Möglichkeit ist die Berechnung der LLRs auf der Basis von quantisierten Werten durchzuführen [DH17] und für die BCJR Implementierung des CSIC-Modulators die max* Approximation nach [RVH95] zu wählen. Auch ist eine FPGA basierte Realisierung der Decodieralgorithmen aufbauend auf der modularen Softwareumsetzung und der hochratigen Kommunikationsstruktur zwischen den Prozessorkernen und dem FPGA naheliegend.

Im Sinne einer weiteren Optimierung des vorgestellten Modems ist der Einsatz von deutlich größeren PDs bzw. von mehreren gleichzeitig auszuwertenden Empfangssträngen nach Abschnitt 5.2 naheliegend. So bietet etwa der Hersteller Hamamatsu Si-PDs mit $100\,\mathrm{mm}^2$ Detektorfläche, entsprechend einer Zunahme um den Faktor 10 gegenüber der aktuell verwendeten FDS100 PD. Auch eine Reduktion der Winkelabhändigkeit durch den Einsatz mehrerer unterschiedlich orientierter Sende- und Empfangseinheiten ist ein Beitrag im Sinne der Praxistauglichkeit.

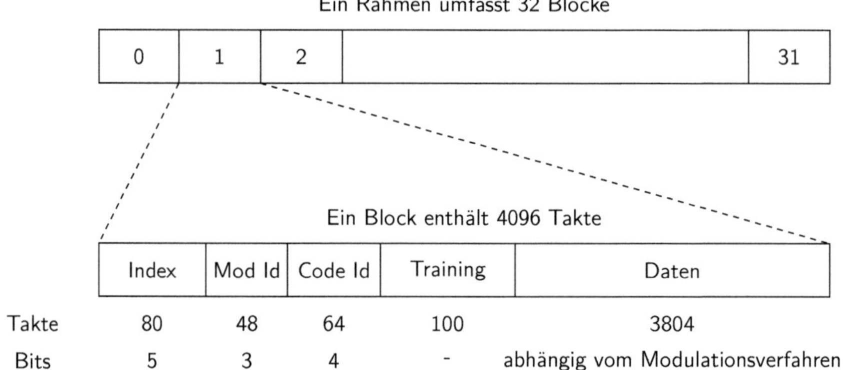



Abbildung 7.6: Rahmen- und Blockaufbau

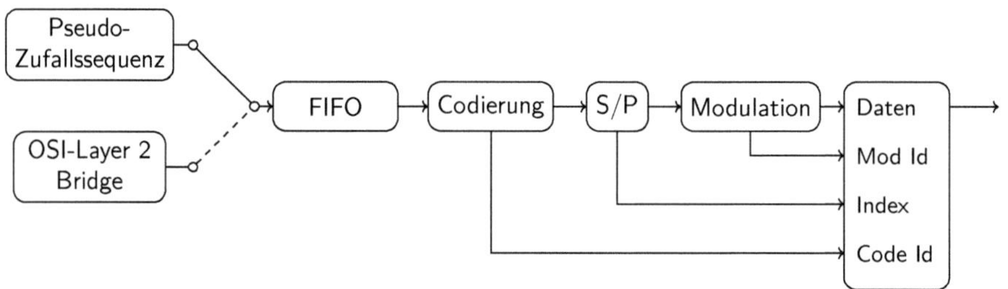



Abbildung 7.7: Sendeseitige Verarbeitungsschritte

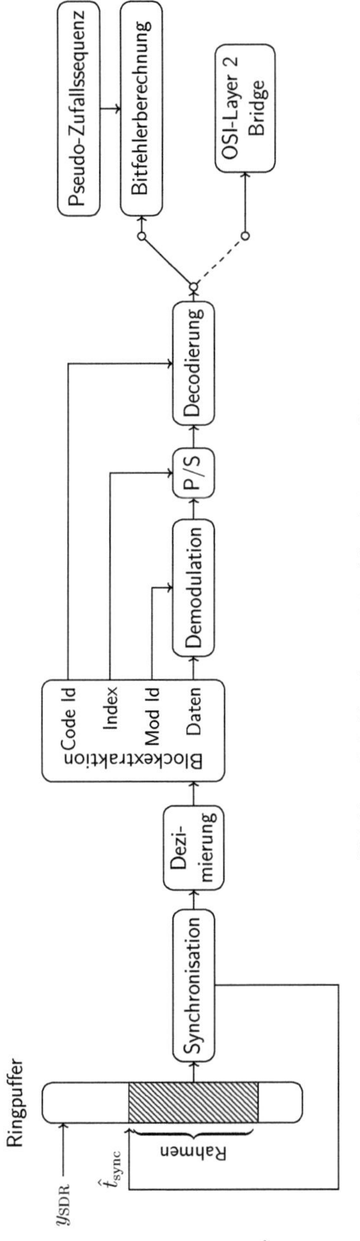


Abbildung 7.8: Empfangsseitige Verarbeitungsschritte

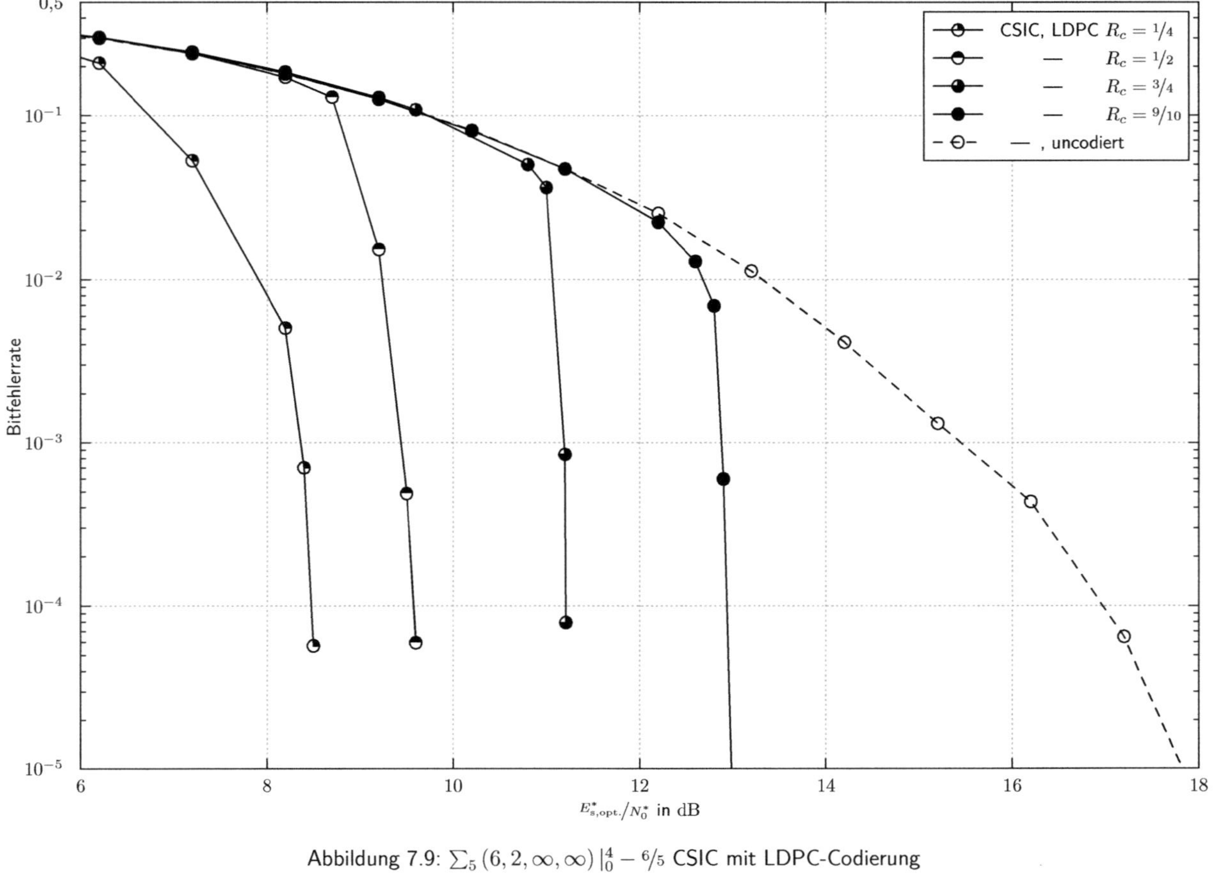


Abbildung 7.9: $\Sigma_5\left(6, 2, \infty, \infty\right)\big|_0^4 - {}^6/_5$ CSIC mit LDPC-Codierung

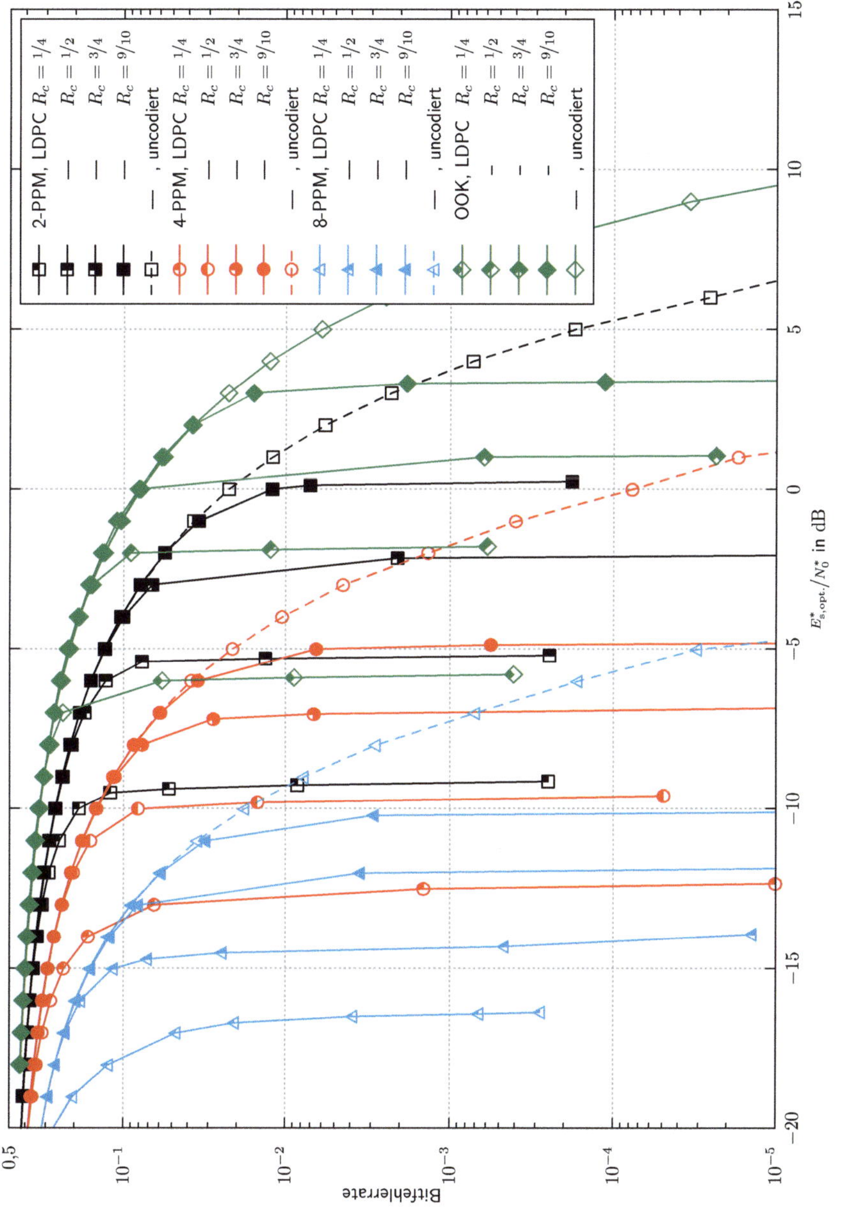



Abbildung 7.10: $M$-PPM und OOK mit LDPC-Codierung

# Zusammenfassung und Ausblick

Die binäre Modulation von LED-basierten Lichtquellen ist, wie in dem Grundlagenteil dieser Arbeit gezeigt wurde, ein im Vergleich zur wertkontinuierlichen Ansteuerung sehr energiesparendes Modulationsverfahren und kann in Form digitaler Schalter aufwandsgünstig realisiert werden. Eine Herausforderungen bei der Nutzung binär modulierter Modulationssequenzen zu Kommunikationszwecken ist der mit steigender Umschaltrate zunehmende Energieaufwand im Sender, welcher letztlich die erreichbaren Datenraten limitiert. Dieser Zusammenhang motivierte die Entwicklung eines Modulationsverfahrens nach dem Prinzip der Superposition, bei dem mehrere unabhängig beschränkte Sequenzen am Sender additiv überlagert werden mit dem Ziel, ein hochstufiges Sendesignal zu erzeugen. Das zentrale Ergebnis dieser Arbeit ist die CSIM-Konstruktionsvorschrift, welche die modulierbaren Summensequenzen auf Basis des CSIM-Graphen beschreibt. In einer nachfolgenden Auswertung konnten die Vorteile der Superpositionsmodulation im Vergleich zu den klassischen binären Modulationsverfahren bestätigt werden. Diese sind u. a. eine Steigerung der erreichbaren Modulationsraten und eine Reduktion des Energieaufwandes am Sender.

Neben dem in dieser Arbeit untersuchten Ansatz der Superpositionsmodulation diskreter Lichtquellen sind Micro-LED Arrays [MMZ+12; MGK+10] ein vielversprechender Anwendungsfall für das neu entwickelte Modulationsverfahren. Denn mit der Integration einer hohen Anzahl von unabhängig schaltbaren LEDs ist die Randbedingung quasi-identischer Übertragungsfaktoren leicht zu erfüllen und zugleich sind hohe Modulationsraten aufgrund der großen Anzahl schnell schaltbarer LEDs zu erwarten. Als weiteren Anwendungsfall seien organische Leuchtdioden (organic light-emitting diode, OLED) [HGRP13] angeführt, welche vergleichsweise lange Umschaltzeiten und damit verbundene Restriktionen bezüglich der Datenrate aufweisen. Auch aufgrund ihrer Eignung als Beleuchtungsmittel sind diese für den Einsatz einer energieeffizienten Ansteuerung mittels binärer Schaltsequenzen prädestiniert.

Als weiteres Superpositionsverfahren wurde im Rahmen dieser Ausarbeitung neben CSIM die CDSIM-Modulation entwickelt. Im Unterschied zu CSIM ist mit diesem Verfahren eine bezüglich der Datensequenzen unkoordinierte Aussendung durch mehrere Teilnehmer möglich. Zum Beispiel könnte CDSIM zur Mehrbenutzerkommunikation über polymere optische Fasern (polymeric optical fiber, POF) genutzt werden.

Ein alternativer Ansatz der Kommunikation mittels senderseitig überlagerter optischer Signale sind optische DACs nach [Arm13; DAW14], indem ähnlich zu dem SAM-Ansatz eine größere Anzahl Lichtquellen zur Nachbildung eines wertkontinuierlichen Sendesignals genutzt wird. An dieser Stelle sei auf die Möglichkeit der Reduktion der Anzahl benötigter Lichtquellen durch Anordnung der Sendeintensitäten als geometrische Folge nach [FH15] verwiesen.

Prinzipiell kann die Superpositionsmodulation auch bei der Überlagerung wertkontinuierlicher Folgen gewinnbringend eingesetzt werden. So wird in [MHL15] vorgeschlagen, ein breitbandiges OFDM-Signal durch die Überlagerung mehrerer schmalbandiger Teilsignale zu erzeugen mit dem Ziel, das Verhältnis von Spitzenleistung zu mittlerer Leistung (peak-to-average power ratio, PAPR) zu verbessern. So ließe sich ein OFDM-Signal auf ähnliche Weise auch mittels binär modulierter LEDs erzeugen, welche z. B. in ihrem jeweiligen Frequenzbereich resonant [MOF+08] betrieben werden könnten.

Diese Beispiele zeigen, dass das vorgestellte Überlagerungsverfahren in unterschiedlichen Bereichen der optischen Kommunikation gewinnbringend eingesetzt werden kann, die Anwendungsmöglichkeiten sind jedoch nicht auf diese beschränkt. So lässt sich das neue Verfahren prinzipiell auf alle additiven reellwertigen Kanäle anwenden. Dies können entweder Kanäle sein welche die Überlagerungsfähigkeit direkt aufweisen, wie es etwa in der molekularen Kommunikation der Fall ist, oder aber die Summation wird auf Schaltungsbasis vor der eigentlichen Ausgabe auf den Kanal realisiert. Bei diesem kann es sich dann beispielsweise um die Magnetisierung eines Speichermediums oder die I/Q-Komponenten eines HF-Übertragungssystems handeln.

Im dritten Teil der Arbeit wurde die Anwendung der Modulationsverfahren in der Unterwasserkommunikation anhand eines Prototyps untersucht, und verschiedene Verfahren der Interferenzunterdrückung wurden verglichen. Der Einsatz der binären Superpositionsmodulation bietet hier insbesondere den Vorteil, dass die notwendigerweise hohen Lichtleistungen verlustarm und aufwandsgünstig moduliert werden können. Dies konnte mit unserer Realisierung des openBlue-Modems bei einer optischen Sendeleistung von $\approx 60\,\mathrm{W}$ bestätigt werden. Auch gelang es mit dem entwickelten Modem, eine Unterwasserübertragungsstrecke zu realisieren und Einsicht in verschiedene Problemstellungen zu erhalten. So basiert die Entwicklung der verschiedenen Interferenzunterdrückungsverfahren auf den Erfahrungen bei der Erprobung des optischen Modems. Die vorgeschlagenen Interferenzreduktionsverfahren sind jedoch nicht auf die Unterwasserkommunikation beschränkt, sondern lassen sich auf die optische Freiraumkommunikation verallgemeinern.

Neben den Untersuchungen zur wellenlängenabhängigen Interferenzunterdrückung sollen im Besonderen die neu entwickelten Verfahren der Filterung auf Basis des Einfallswinkels der optischen Signale herausgestellt werden. Denn diese erlauben, im Unterschied zu den bereits bekannten Methoden der Interferenzunterdrückung, eine Trennung von mehreren Signalquellen identischer Wellenlänge bereits vor ihrer eigentlichen Detektion am Empfänger. Dies ermöglicht, wie in den entsprechenden Kapiteln gezeigt, eine zum Teil extreme Steigerung des SNR, ohne die Komplexität der Signalverarbeitung zu erhöhen. Auch der Bauteilaufwand kann im Vergleich zu konkurrierenden Methoden, wie dem Einsatz mehrere Detektoren, als vergleichsweise gering bezeichnet werden. Als Anwendungsszenario wurde in dieser Arbeit sowohl die Unterscheidung gerichteter als auch die Unterdrückung diffuser Signale untersucht. Bei letzteren handelt es sich typischerweise um unmodulierte Quellen wie die solare Einstrahlung. Bei ersteren kann es sich sowohl um modulierte Signale als auch um unmodulierte Interferenzen, etwa um andere künstliche Lichtquellen zu Beleuchtungszwecken, handeln. Die Unterscheidbarkeit von modulierten Signalquellen mittels der LCD-Filterung ist insbesondere mit Hinblick auf die Einsetzbarkeit als leistungsfähiges Verfahren zur Kommunikation von mehreren Sendern und Empfängern (multiple input multiple output, MIMO) hoch zu bewerten. An dieser Stelle sei ferner auf das im Rahmen dieser Arbeit entstandene Patent [KFHP17b] zur Interferenzunterdrückung durch eine Bildschirmeinheit verwiesen. Ein möglicher, weiterführender Ansatz könnte die Kombination des LCD-Filters mit einem Konzentrator [MGC+17; KB97] zur Reduktion der Winkelabhängigkeit der Empfangsintensitäten sein. In diesem Rahmen ist auch die Realisierung des Filters als halbkuppelförmige Anordnung naheliegend.

# Anhang

## A.1 Graphentheorie

Nachfolgend werden die Methoden vorgestellt, welche zur Auswertung der Graphenstruktur in Bezug auf die Nutzung als Modulationsgraph eingesetzt werden. In Abschnitt A.1.1 wird hierzu der Graph auf Grundlage der Theorien zu Markov-Ketten untersucht und u. a. werden die Übergangswahrscheinlichkeiten bestimmt, welche die Modulationsrate der Graphenstruktur maximieren. Als ausführliches Referenzwerk sei an dieser Stelle auf [IK04] verwiesen.

Auf Grundlage der klassischen Methoden zur Bestimmung der wechselseitigen Information wird in Abschnitt A.1.2 eine Möglichkeit zur Berechnung der wechselseitigen Information einer maxentropischen Graphenstruktur hergeleitet. Dies erfolgt auf Basis der in Abschnitt A.1.1 bestimmten Wahrscheinlichkeiten.

### A.1.1 Analytische Auswertung

Für die weitere Untersuchung der Graphenstruktur nehmen wir an, dass der zu untersuchende Graph sowohl unifilar als auch irreduzibel sei.

**Unifilar** Alle von einem Knoten ausgehenden Übergänge sind anhand ihrer Kantenbeschriftung unterscheidbar. Diese Eigenschaft bedeutet, dass jede zulässige Sequenz unter der Annahme eines bekannten Ausgangsknoten eindeutig auf die Graphenstruktur abgebildet werden kann.

**Irreduzibel** Die Wahrscheinlichkeit, von einem beliebigen Knoten ausgehend einen anderen beliebigen Knoten zu erreichen, ist für alle möglichen Knotenpaarungen des Graphen größer null.

Wir wollen nun die sogenannte beschränkte Kapazität (constrained capacity), d. h. die ohne den Einfluss von Rauschen maximal erreichbare Modulationsrate, bestimmen. Diese kann mit

$$R = \lim_{T \to \infty} \frac{\log N(T)}{T}.$$ (A.1)

über die Anzahl der möglichen Sequenzen der Länge $T$ erfolgen. Die Problematik an dieser Stelle ist, dass $N(T)$ für $T \to \infty$ nur in Ausnahmefällen angegeben werden kann.

Eine praktikable Alternative ist es, nach [Sha48] die Modulationsrate analytisch über den größten reellen Eigenwert $\lambda_{\mathrm{max}}$ der Verbindungsmatrix $\mathbf{D}$ zu bestimmen:

$$R = \log_2 \lambda_{\mathrm{max}}.$$ (A.2)

Die zugehörigen maxentropischen Übergangswahrscheinlichkeiten $q_{i,j}$ ergeben sich mit dem zu $\lambda_{\mathrm{max}}$ gehörigen Eigenvektor $\mathbf{p}$ zu

$$q_{i,j} = \lambda_{\mathrm{max}}^{-1} d_{i,j} \frac{p_i}{p_j}.$$ (A.3)

Die Knotenwahrscheinlichkeiten $\boldsymbol{\pi}$ folgen aus der linksseitigen Eigenwertdefinition:

$$\boldsymbol{\pi}^T \mathbf{Q} = \boldsymbol{\pi}^T.$$ (A.4)

## A.1.2 Bestimmung der wechselseitigen Information

Zur Berechnung der wechselseitigen Information aus der Graphenbeschreibung müssen die Sendesequenzen $\mathbf{x}_i$ der Länge $N'$ zu den Knoten $i = 0, \ldots, \mathcal{K} - 1$ bekannt sein. Außerdem werden die Knotenwahrscheinlichkeiten $\boldsymbol{\pi}$ sowie die Übergangswahrscheinlichkeiten $\mathbf{Q}$ benötigt, welche nach dem in Abschnitt A.1.1 beschriebenen Vorgehen bestimmt werden können. Im Falle von CSIM interpretieren wir die Sendesymbole als Sendesequenzen $\mathbf{x}_i$ der Länge $N' = 1$. Auf diese Weise kann das Vorgehen ohne die Notwendigkeit weiterer Unterscheidungen sowohl auf den CSIM- als auch auf den CSIC-Graphen angewendet werden.

Die wechselseitige Information $I_g(X_i; Y)$ bei Übertragung einer wertdiskreten Sequenz ausgehend von dem $i$-ten Graphenknoten kann auf Basis der allgemeinen Definition der wechselseitigen Information z. B. nach [Hoe13, Eq. 3.87, S. 90] wie folgt bestimmt werden:

$$I_g(X_i; Y) = \sum_{j=0}^{\mathcal{K}-1} \int_{-\infty}^{\infty} p_{Y|X}\left(\mathbf{y}|\mathbf{x}_j\right) q_{i,j} \mathrm{ld} \frac{p_{Y|X}\left(\mathbf{y}|\mathbf{x}_j\right)}{p_Y(\mathbf{y})} d\mathbf{y}.$$ (A.5)

Die Sendesequenzen werden mit $q_{i,j}$, d. h. mit ihrer Auftrittswahrscheinlichkeit, ausgehend vom $i$-ten Knoten gewichtet. Die Übergangswahrscheinlichkeiten $q_{i,j}$ sind dabei nur für zulässige Übergänge vom $i$-ten zum $j$-ten Knoten ungleich null. Die bedingte Wahrscheinlichkeit $p_{Y|X}\left(\mathbf{y}|\mathbf{x}_j\right)$ kann im Falle des AWGN-Kanalmodells über die $N'$-variate Normalverteilung $\mathcal{N}_{N'}\left(\mathbf{x}_j, \mathbf{\Sigma}\right)$ bestimmt werden:

$$p_{Y|X}\left(\mathbf{y}|\mathbf{x}_j\right) = \frac{1}{\sqrt{(2\pi)^{N'}\det\left(\mathbf{\Sigma}\right)}} e^{-\frac{1}{2}(\mathbf{x}_j-\mathbf{y})^T \mathbf{\Sigma}^{-1}(\mathbf{x}_j-\mathbf{y})}. \tag{A.6}$$

Da wir mit dem AWGN-Kanalmodell von einem unkorrelierten Rauschsignal ausgehen, kann für die Kovarianzmatrix $\mathbf{\Sigma} = \sigma_n^2 \mathbf{I}_S$ eingesetzt werden, und die Berechnung von $p_{Y|X}\left(\mathbf{y}|\mathbf{x}_j\right)$ vereinfacht sich zu:

$$p_{Y|X}\left(\mathbf{y}|\mathbf{x}_j\right) = \frac{1}{\sqrt{(2\pi)^{N'}\sigma_n^{2N'}}} e^{-\frac{1}{2}\left(\frac{\|\mathbf{x}_j-\mathbf{y}\|_2}{\sigma_n}\right)^2}. \tag{A.7}$$

Die Bestimmung der wechselseitigen Information des Gesamtgraphen kann nun mittels Überlagerung der Knotenkapazitäten $I_g\left(X_i; Y\right)$ erfolgen. Hierzu müssen die Summanden mit den Auftrittswahrscheinlichkeiten der Knoten gewichtet werden.

$$\begin{aligned}
I_g\left(X; Y\right) &= \sum_{i=0}^{\mathcal{K}-1} \pi_i \cdot I_g\left(X_i; Y\right) \\
&= \sum_{i=0}^{\mathcal{K}-1} \pi_i \sum_{j=0}^{\mathcal{K}-1} \int_{-\infty}^{\infty} p_{Y|X}\left(\mathbf{y}|\mathbf{x}_j\right) q_{i,j} \mathrm{ld}\frac{p_{Y|X}\left(\mathbf{y}|\mathbf{x}_j\right)}{p_Y\left(\mathbf{y}\right)} d\mathbf{y}.
\end{aligned} \tag{A.8}$$

Die nach dieser Methode berechneten, wechselseitigen Informationen, etwa in Abschnitt 3.3.3, wurden mittels Diskretisierung der Wahrscheinlichkeitsdichte $p_{Y|X}\left(\mathbf{y}|\mathbf{x}_j\right)$ bestimmt, d. h. die Integration wurde durch eine Summenbildung angenähert. Die von $\mathbf{y}$ unabhängigen Anteile, also z. B. $\frac{1}{\sqrt{(2\pi)^{N'}\sigma_n^{2N'}}}$ in $p_{Y|X}\left(\mathbf{y}|\mathbf{x}_j\right)$, wurden zur Verringerung des Rechenaufwandes a priori bestimmt. Auch sei angemerkt, dass eine derart bestimmte wechselseitige Information einen möglichen Codegewinn durch Abhängigkeiten in der Graphenstruktur unberücksichtigt lässt. Die Untersuchungen des CSIC-Codes in Kapitel 4 haben bereits bei einer Sequenzlänge von $N' = 3$ so hohen Rechenaufwand erzeugt, dass eine erfolgreiche Berechnung hinreichend langer Sequenzen schwierig erscheint.

## A.2  Anzahl der Umschaltvorgänge der Amplituden-Superpositionsmodulation

Herleitung für die mittlere Anzahl der Umschaltvorgänge pro Sendesymbol

$$
\sum_{x_n=0}^{L} \sum_{x_{n-1}=0}^{L} |x_n - x_{n-1}|
$$

$$
= \sum_{x_n=0}^{L} \left( \sum_{x_{n-1}=0}^{x_n} x_n - x_{n-1} + \sum_{x_{n-1}=x_n}^{L} x_{n-1} - x_n \right)
$$

$$
= \sum_{x_n=0}^{L} \left( \sum_{x_{n-1}=0}^{x_n} x_n - \sum_{x_{n-1}=0}^{x_n} x_{n-1} + \sum_{x_{n-1}=x_n}^{L} x_{n-1} - \sum_{x_{n-1}=x_n}^{L} x_n \right)
$$

$$
= \sum_{x_n=0}^{L} \left( (x_n+1)\,x_n - \frac{x_n\,(x_n+1)}{2} + \frac{L\,(L+1)}{2} - \frac{(x_n-1)\,x_n}{2} - (L-x_n+1)\,x_n \right) \tag{A.9}
$$

$$
= \sum_{x_n=0}^{L} \left( \frac{L\,(L+1)}{2} + x_n^2 - Lx_n \right)
$$

$$
= \frac{L\,(L+1)^2}{2} + \sum_{x_n=0}^{L} x_n^2 - L \sum_{x_n=0}^{L} x_n
$$

$$
= \frac{L\,(L+1)^2}{2} + \frac{L\,(L+1)\,(2L+1)}{6} - \frac{L^2\,(L+1)}{2}
$$

$$
= \frac{L\,(L+1)\,(L+2)}{3}
$$

## A.3  Standardisiertes optisches SNR

Zum Nachweis, dass sich bei Anwendung des standardisierten optischen SNRs ein zum realen Kanal identisches elektrisches SNR einstellt, wird von einem realen optischen Kanal mit gegebenem $E_{s,\text{opt.}}$ und $N_0$ ausgegangen. Entsprechend kann in diesem Fall das elektrische SNR mit (2.13) zu

$$
\frac{E_{s,\text{elec.}}}{N_0} = \frac{\kappa \cdot E_{s,\text{opt.}}^2}{N_0} \tag{A.10}
$$

bestimmt werden.

Aus der Standardisierungsvorschrift (2.17)

$$
\frac{E_{s,\text{opt.}}^*}{N_0^*} = \frac{E_{s,\text{opt.}}^2}{N_0} \text{ mit } E_{s,\text{opt.}}^* \stackrel{!}{=} 1
$$

folgt andererseits

$$
N_0^* = \frac{N_0 \cdot E_{s,\text{opt.}}^*}{E_{s,\text{opt.}}^2} = \frac{N_0}{E_{s,\text{opt.}}^2}.
$$

Schließlich ergibt sich das elektrische SNR über die Standardisierungsvorschrift zu

$$\frac{E_{\text{s,elec.}}}{N_0} = \frac{\kappa \cdot \left(E_{\text{s,opt.}}^*\right)^2}{N_0^*} = \frac{\kappa \cdot E_{\text{s,opt.}}^2}{N_0}$$

und ist damit identisch zu dem elektrischen SNR des realen Kanals.

## A.4 Simulationsergebnisse für das elektrische SNR

Wie in Abschnitt 2.2 erläutert, wurde in dieser Arbeit zur Darstellung der Ergebnisse im Sinne einer Energiebedarfsbetrachtung das optische SNR als Maß gewählt. Nachfolgend werden die Ergebnisse bezogen auf die klassische SNR-Definition dargestellt.

## A.4.1  zu Abbildung 3.12

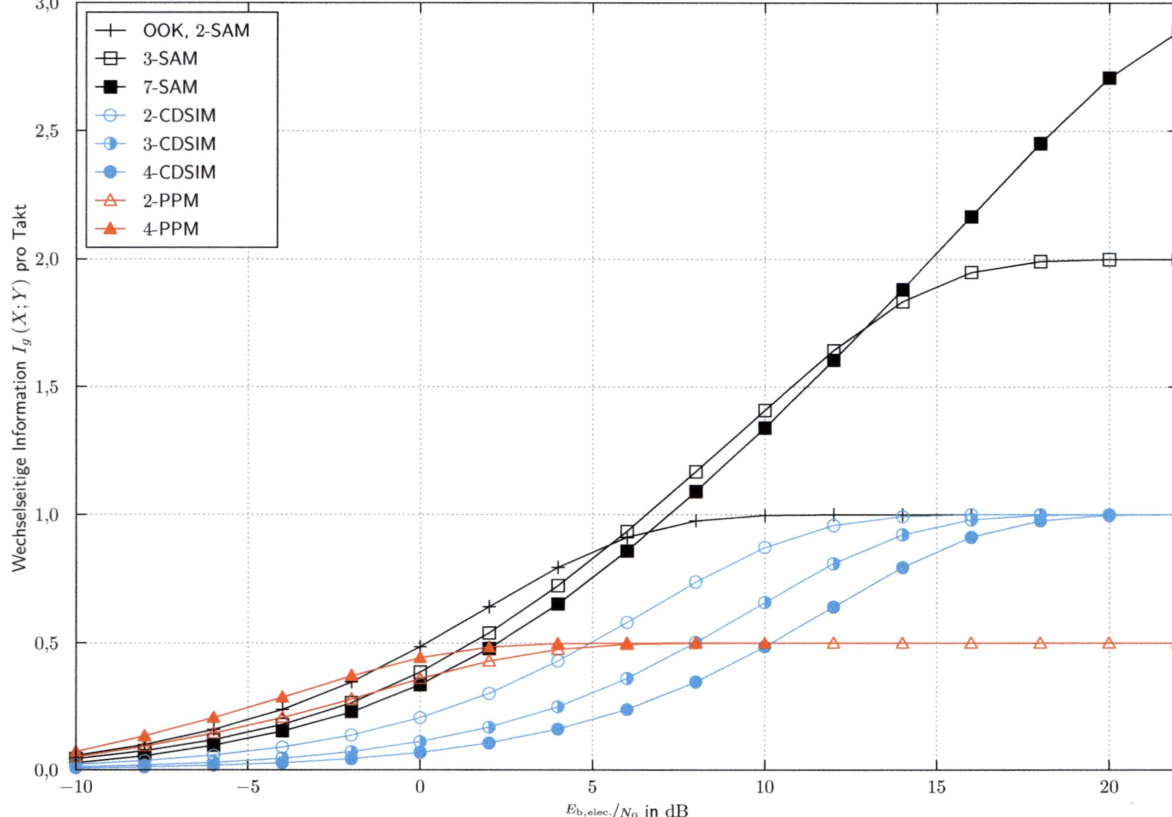


Abbildung A.1: Wechselseitige Information der klassischen Verfahren

## A.4.2 zu Abbildung 3.31

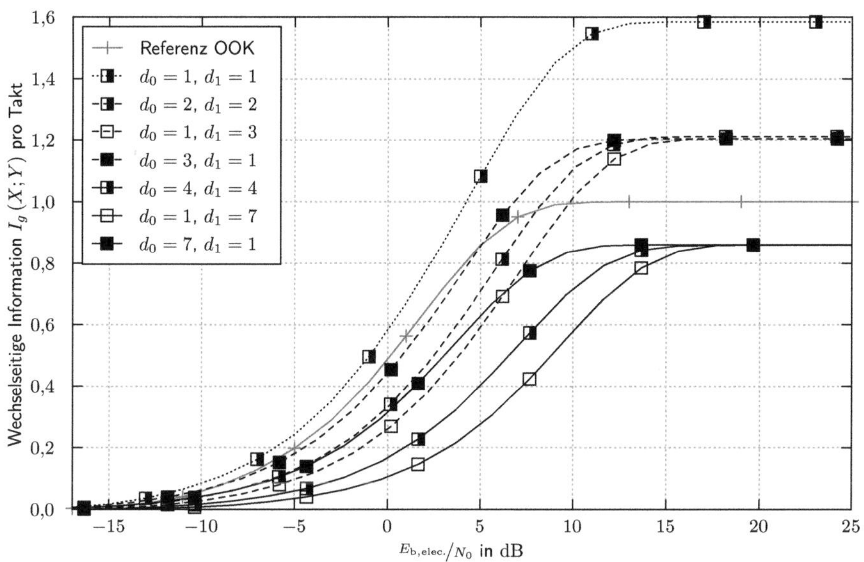

(a) CSIM ohne wechselseitiges Umschalten

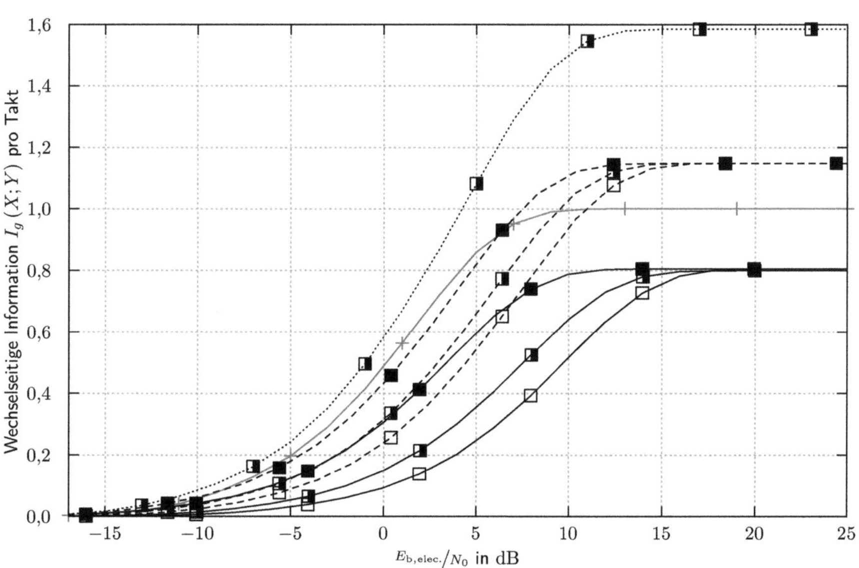

(b) CSIM mit wechselseitigem Umschalten

Abbildung A.2: Wechselseitige Information von CSIM mit $L = 2$

## A.4.3  zu Abbildung 3.32

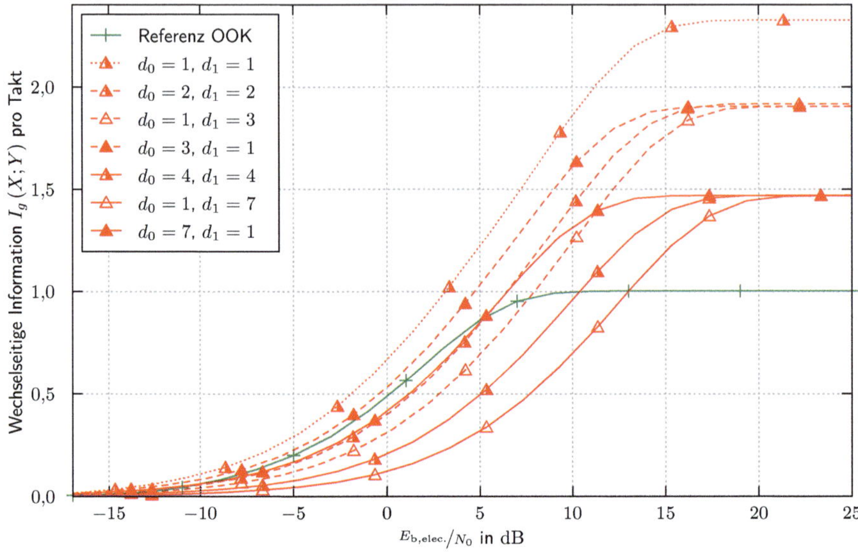

(a) CSIM ohne wechselseitiges Umschalten

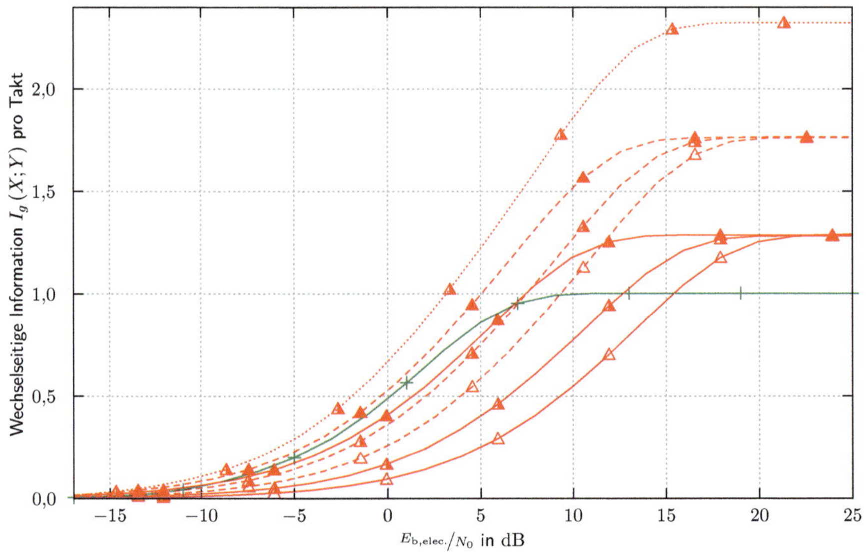

(b) CSIM mit wechselseitigem Umschalten

Abbildung A.3: Wechselseitige Information von CSIM mit $L = 4$

## A.4.4 zu Abbildung 3.33

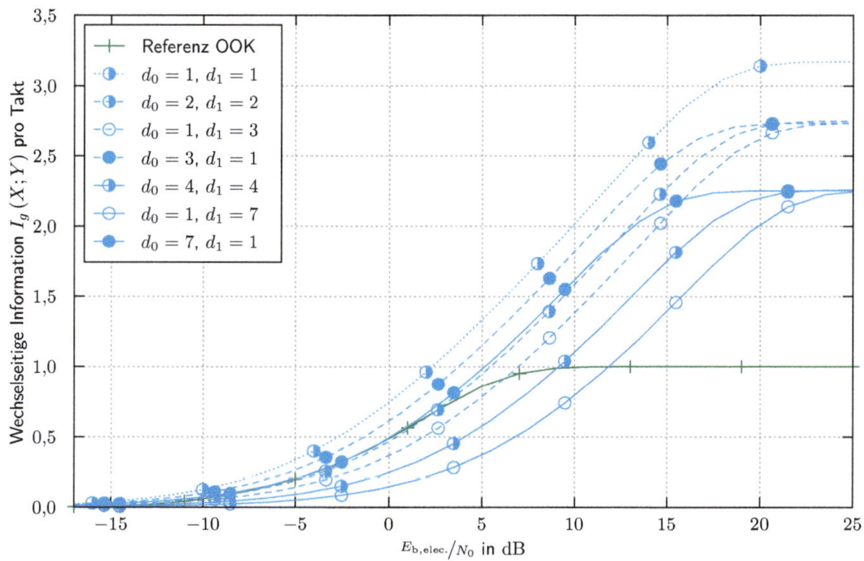



(a) CSIM ohne wechselseitiges Umschalten

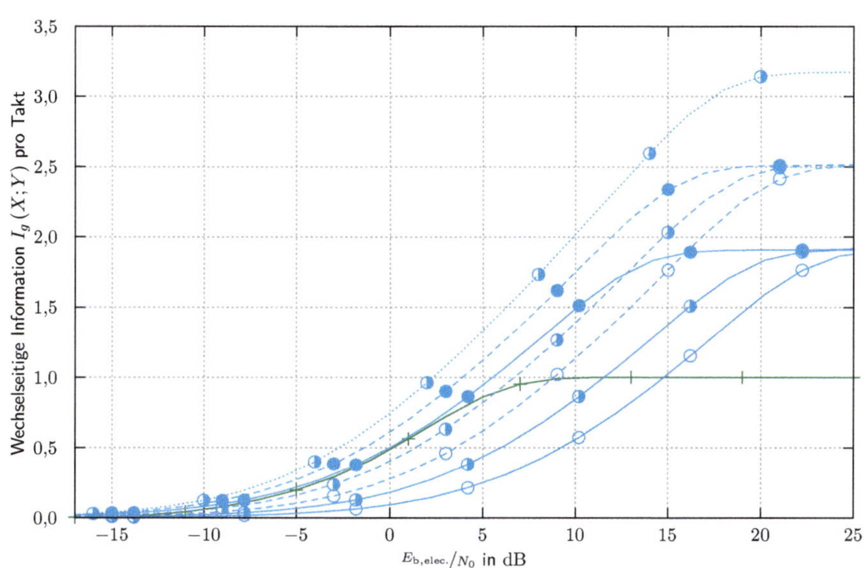



(b) CSIM mit wechselseitigem Umschalten

Abbildung A.4: Wechselseitige Information von CSIM mit $L = 8$

## A.4.5  zu Abbildung 4.2

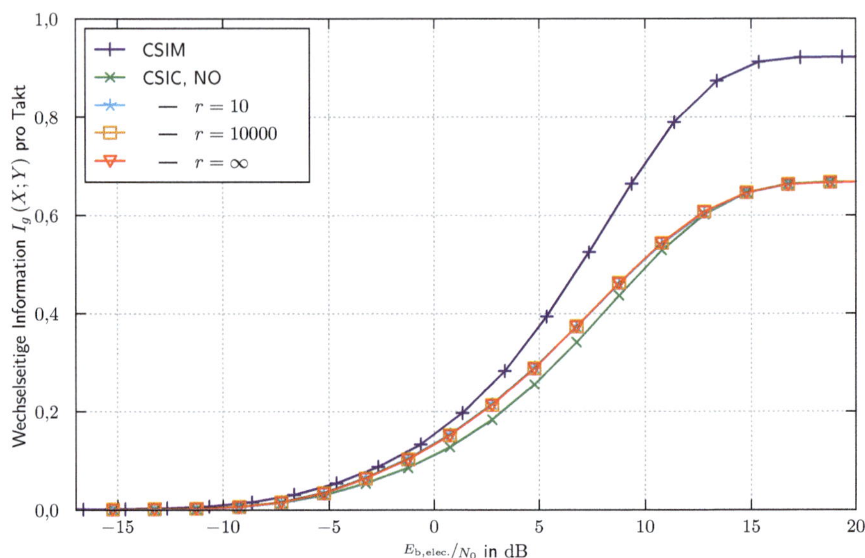

(a) Optimierung in Hinblick auf die Codewortauswahl

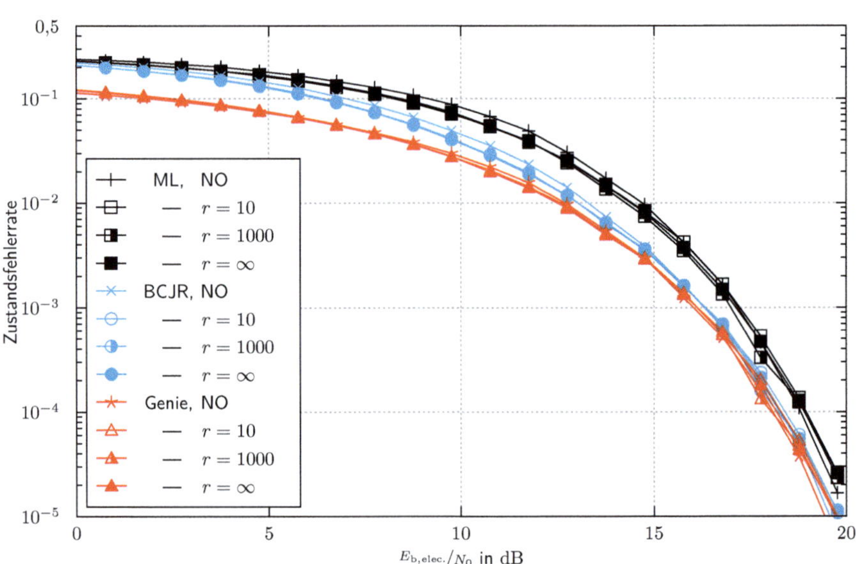

(b) Zustandsfehlerverhalten für die unterschiedlichen Decodieransätze

Abbildung A.5: Ergebnisse zu dem $\sum_2 (1,2,2,3) - {}^2\!/_3$ Code

## A.4.6 zu Abbildung 4.3

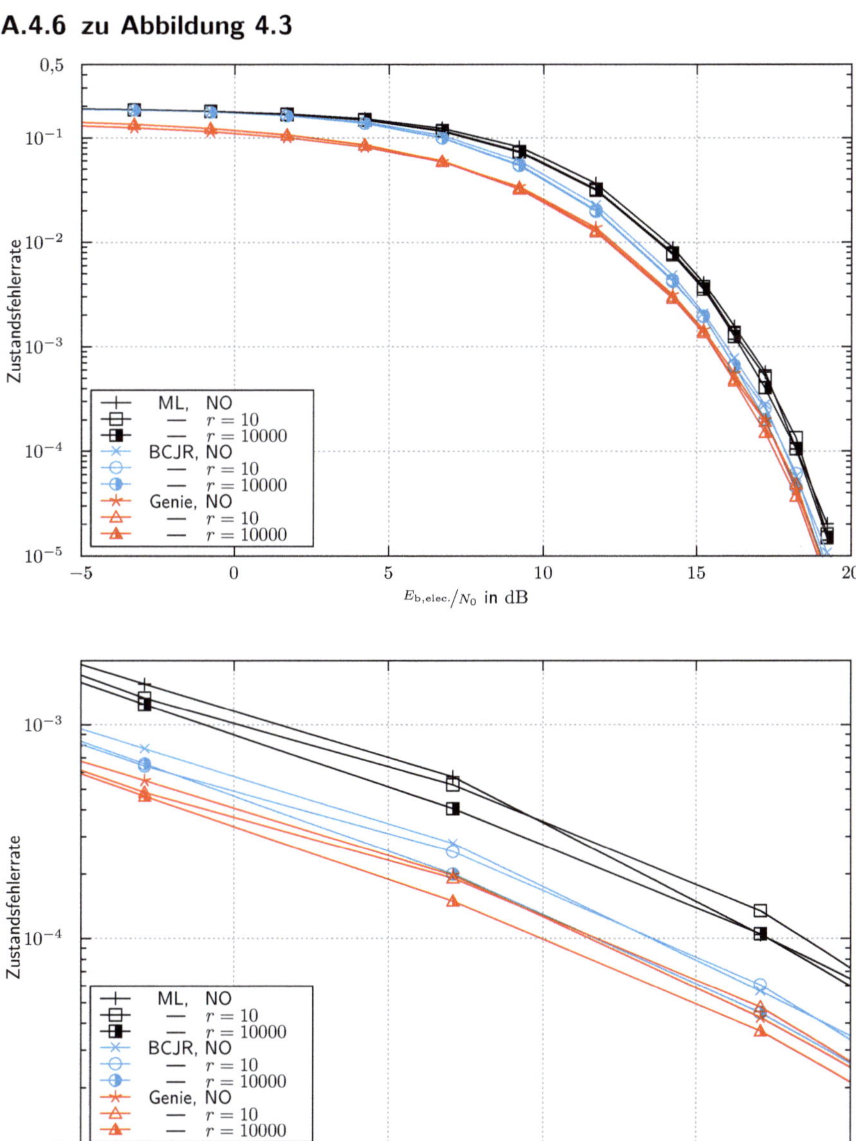

Abbildung A.6: Optimierung des $\sum_5 (6, 2, \infty, \infty)\,|_0^4 - {}^6\!/_5$ Codes in Hinblick auf die Codewortauswahl

## A.4.7 zu Abbildung 7.9

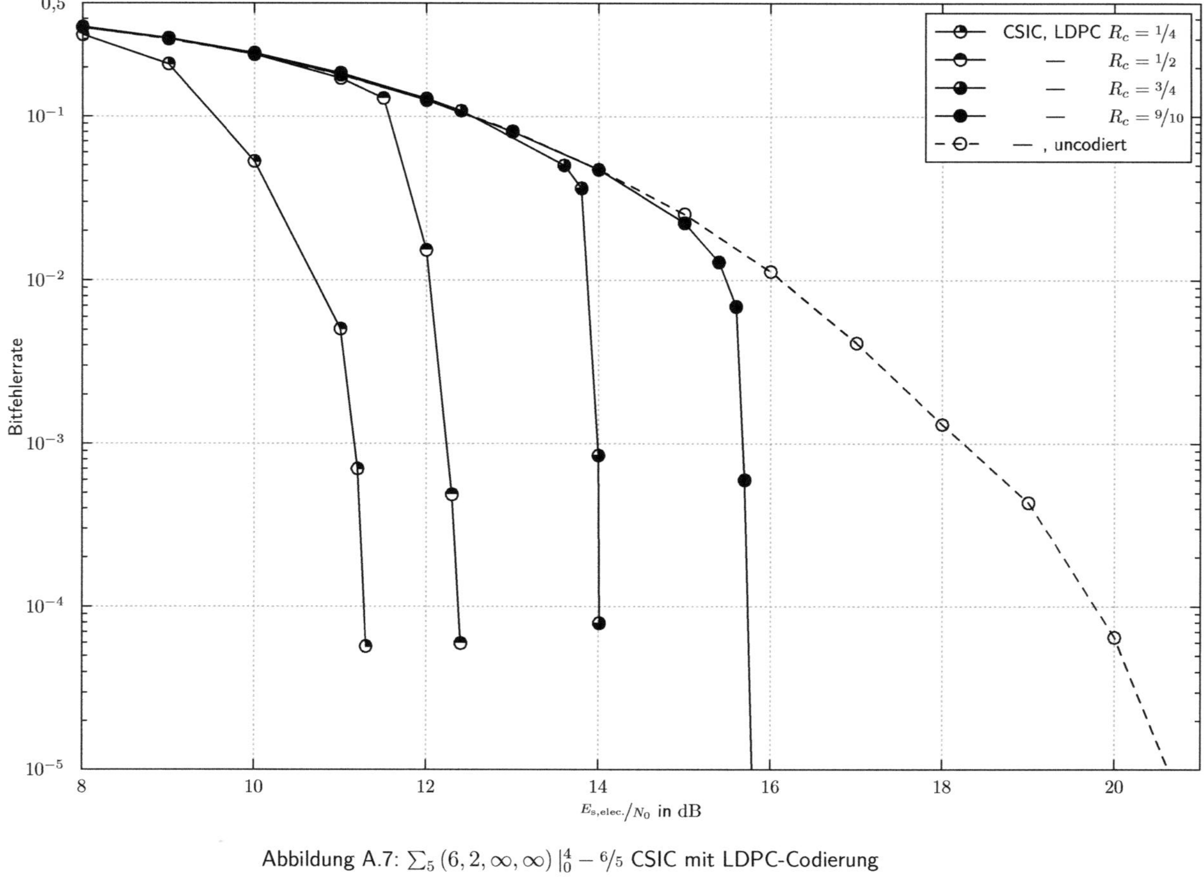



Abbildung A.7: $\Sigma_5\,(6, 2, \infty, \infty)\,|_0^4 - 6/5$ CSIC mit LDPC-Codierung

## A.4.8  zu Abbildung 7.10

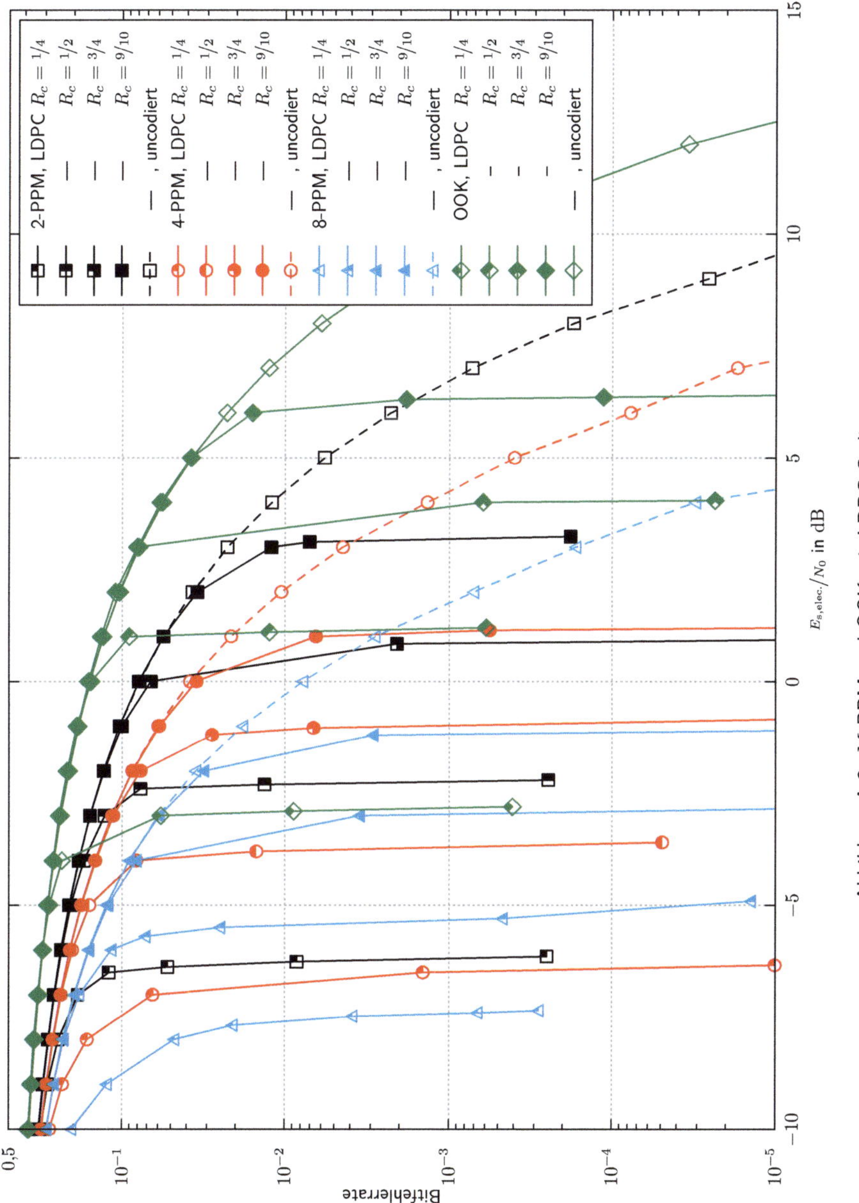



Abbildung A.8: $M$-PPM und OOK mit LDPC-Codierung

# A.5 Messergebnisse zur Durchlässigkeit der LCD-Zelle

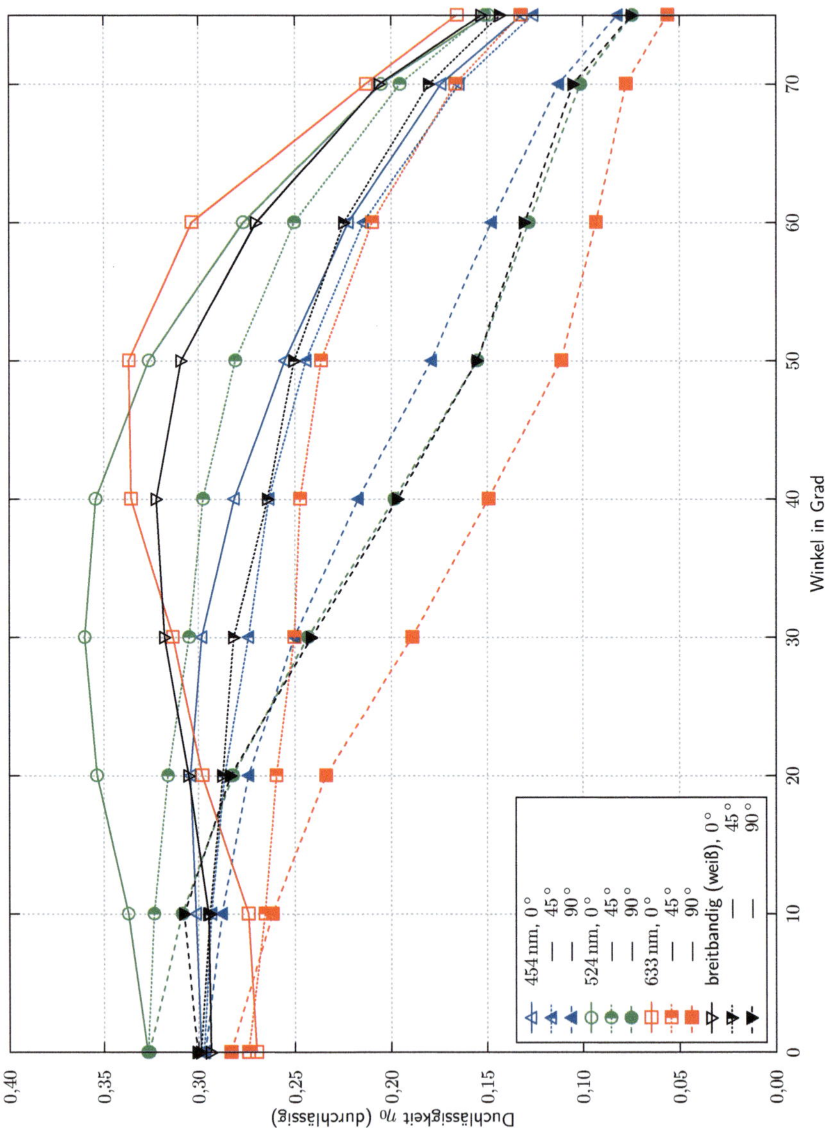

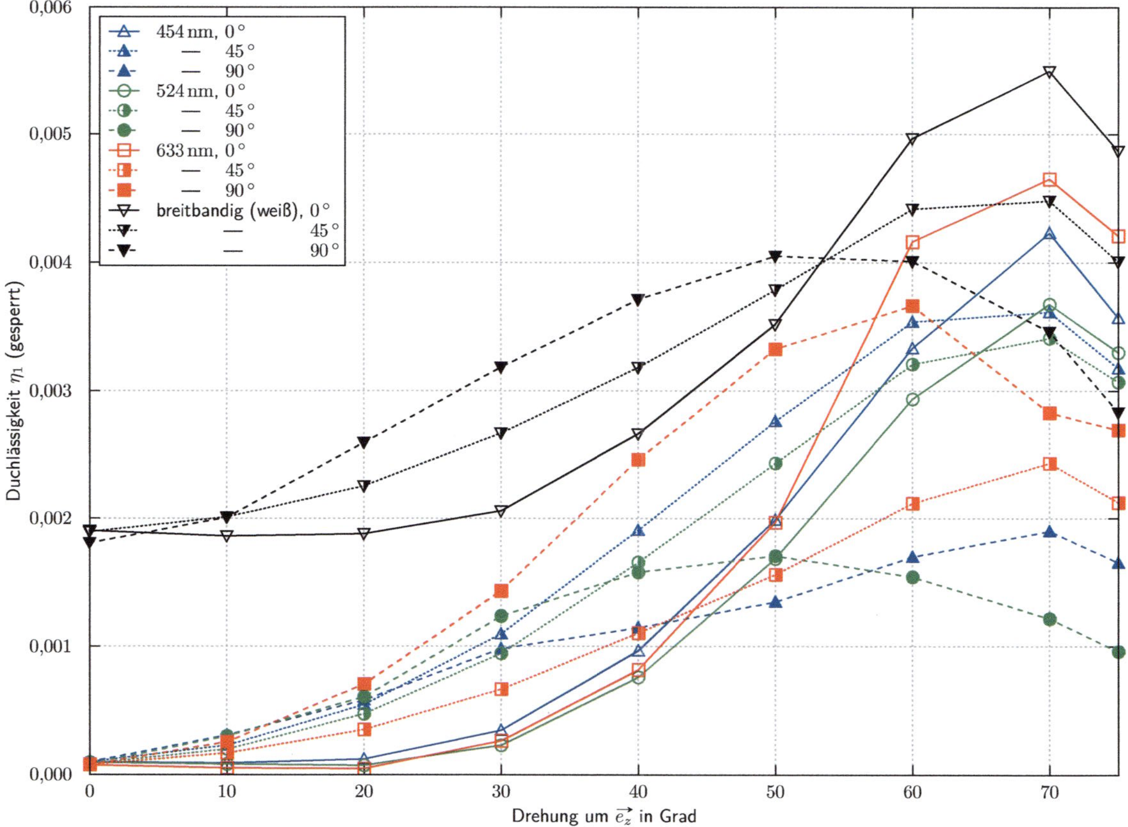
Duchlässigkeit $\eta_1$ (gesperrt)
Drehung um $\vec{e}_z$ in Grad
454 nm, 0°
— 45°
— 90°
524 nm, 0°
— 45°
— 90°
633 nm, 0°
— 45°
— 90°
breitbandig (weiß), 0°
— 45°
— 90°

## A.6 Definition des Kugelkoordinatensystems

Die in dieser Arbeit verwendete Definition des Kugelkoordinatensystems folgt Abbildung A.9.

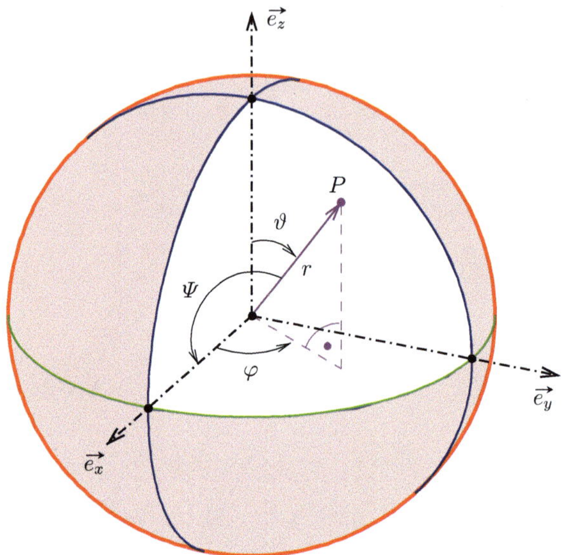


Abbildung A.9: Skizze der geometrischen Beziehungen im Kugelkoordinatensystem nach „Ag2gaeh [CC BY-SA 4.0 (https://creativecommons.org/licenses/by-sa/4.0)], from Wikimedia Commons". Die Abbildung wurde bezüglich der Variablennamen und der dargestellten Winkel an die Konventionen dieser Arbeit angepasst.

Für den Winkel des einfallenden Strahles zu $\vec{e}_x$ gilt

$$\Psi = \arccos\left(\sin\vartheta\cos\varphi\right) \tag{A.11}$$

# Literaturverzeichnis


[AAL+15]   A. Alvarado, E. Agrell, D. Lavery, R. Maher und P. Bayvel, „Replacing the Soft-Decision FEC Limit Paradigm in the Design of Optical Communication Systems", *Journal of Lightwave Technology*, Jg. 33, Nr. 20, S. 4338–4352, Okt. 2015. DOI: 10.1109/JLT.2015.2450537.

[ACH83]    R. Adler, D. Coppersmith und M. Hassner, „Algorithms for Sliding Block Codes - An Application of Symbolic Dynamics to Information Theory", *IEEE Transactions on Information Theory*, Jg. 29, Nr. 1, S. 5–22, Jan. 1983. DOI: 10.1109/TIT.1983.1056597.

[Ame03]    American Society for Testing and Materials, *Standard Tables for Reference Solar Spectral Irradiances: Direct Normal and Hemispherical on 37° Tilted Surface*, ASTM G173-03, Jan. 2003. Adresse: http://rredc.nrel.gov/solar/spectra/am1.5.

[App12]    Application Note, *Driver and Receiver Circuits for Avago SFH Series Plastic Fiber Components*, 5341, AV01-3323EN, Avago, Apr. 2012.

[Arm13]    J. Armstrong, „Optical domain digital-to-analog converter for visible light communications using LED arrays", *Photonics Research*, Jg. 1, Nr. 2, S. 92–95, Aug. 2013. DOI: 10.1364/PRJ.1.000092.

[ASK+06]   J. Armstrong, B. J. C. Schmidt, D. Kalra, H. A. Suraweera und A. J. Lowery, „Performance of Asymmetrically Clipped Optical OFDM in AWGN for an Intensity Modulated Direct Detection System", in *Proceedings of IEEE Globecom*, Sep. 2006, S. 1–5. DOI: 10.1109/GLOCOM.2006.571.

[BCJR74]   L. Bahl, J. Cocke, F. Jelinek und J. Raviv, „Optimal Decoding of Linear Codes for Minimizing Symbol Error Rate", *IEEE Transactions on Information Theory*, Jg. 20, Nr. 2, S. 284–287, Mai 1974. DOI: 10.1109/TIT.1974.1055186.

[BEL13]    P. M. Butala, H. Elgala und T. D. C. Little, „SVD-VLC: A novel capacity maximizing VLC MIMO system architecture under illumination constraints", in *IEEE Globecom Workshops*, Dez. 2013, S. 1087–1092. DOI: 10.1109/GLOCOMW.2013.6825137.

[BJ00]     T. C. Banwell und A. Jayakumar, „Exact analytical solution for current flow through diode with series resistance", *Electronics Letters*, Jg. 36, Nr. 4, S. 291–292, Feb. 2000. DOI: 10.1049/el:20000301.

[BKK+93]   J. R. Barry, J. M. Kahn, W. J. Krause, E. A. Lee und D. G. Messerschmitt, „Simulation of Multipath Impulse Response for Indoor Wireless Optical Channels", *IEEE Journal on Selected Areas in Communications*, Jg. 11, Nr. 3, S. 367–379, Apr. 1993. DOI: 10.1109/49.219552.

[Bre59]    D. G. Brennan, „Linear Diversity Combining Techniques", in *Proceedings of the IRE*, Bd. 47, Juni 1959, S. 1075–1102. DOI: 10.1109/JRPROC.1959.287136.

[BRTM12]   P. H. Binh, P. Renucci, V. G. Truong und X. Marie, „Schottky-capacitance pulse-shaping circuit for high-speed light emitting diode operation", *Electronics Letters*, Jg. 48, Nr. 12, S. 721–723, Juni 2012. DOI: 10.1049/el.2012.0760.

[BTRM13]   P. H. Binh, V. D. Trong, P. Renucci und X. Marie, „Improving OOK Modulation Rate of Visible LED by Peaking and Carrier Sweep-Out Effects Using $n$-Schottky Diodes-Capacitance Circuit", *Journal of Lightwave Technology*, Jg. 31, Nr. 15, S. 2578–2583, Aug. 2013. DOI: 10.1109/JLT.2013.2271452.

[BWK12]    D. J. F. Barros, S. K. Wilson und J. M. Kahn, „Comparison of Orthogonal Frequency-Division Multiplexing and Pulse-Amplitude Modulation in Indoor Optical Wireless Links", *IEEE Transactions on Communications*, Jg. 60, Nr. 1, S. 153–163, Jan. 2012. DOI: 10.1109/TCOMM.2011.112311.100538.

[CLT+14]   T. Chen, L. Liu, B. Tu, Z. Zheng und W. Hu, „High-Spatial-Diversity Imaging Receiver Using Fisheye Lens for Indoor MIMO VLCs", *IEEE Photonics Technology Letters*, Jg. 26, Nr. 22, S. 2260–2263, Nov. 2014. DOI: 10.1109/LPT.2014.2354458.

[CMA16]    A. Chaaban, J. M. Morvan und M. S. Alouini, „Free-Space Optical Communications: Capacity Bounds, Approximations, and a New Sphere-Packing Perspective", *IEEE Transactions on Communications*, Jg. 64, Nr. 3, S. 1176–1191, März 2016. DOI: 10.1109/TCOMM.2016.2524569.

[DA13]     S. D. Dissanayake und J. Armstrong, „Comparison of ACO-OFDM, DCO-OFDM and ADO-OFDM in IM/DD Systems", *Journal of Lightwave Technology*, Jg. 31, Nr. 7, S. 1063–1072, Apr. 2013. DOI: 10.1109/JLT.2013.2241731.

[Dat11]    Datenblatt, *GaP fotodiode*, EPD-440-0-3.6, Rev. 06, Jenoptik, Juli 2011.

[Dat12]    ——, *Oslon Black (LD H9GP-3T2U-35-1) LED*, Osram, Aug. 2012.

[Dat13]    ——, *S5344, short wavelength type APD*, Hamamatsu, Okt. 2013.

[Dat15]     ——, *LTC6268-10/LTC6269-10 4GHz Ultra-Low Bias Current FET Input Op Amp*, Linear, Apr. 2015.

[Dat16]     ——, *Luxeon K (LXK0-PR04-0016) LED-array*, Lumileds, Juli 2016.

[Dat17a]    ——, *DET10A/M, Biased Si Detector 200-1100nm*, Thorlabs, Sep. 2017.

[Dat17b]    ——, *FDS 100, Si fotodiode*, Rev. M, Thorlabs, Sep. 2017.

[Dat17c]    ——, *IXD 614, Ultrafast MOSFET Driver*, R08, IXYS, Okt. 2017.

[Dat19]     ——, *Micromodem*, Woods Hole Oceanographic Institution, 2019. Adresse: `https://acomms.whoi.edu/micro-modem`.

[DAW14]     A. Dobesch, L. N. Alves und O. Wilfert, „On the Performance of Digital to Analog Conversion in the Optical Domain", in *Proceedings of the 16th International Conference on Transparent Optical Networks*, Juli 2014, S. 1–4. DOI: `10.1109/ICTON.2014.6876676`.

[DH15]      S. Dimitrov und H. Haas, *Principles of LED Light Communications: Towards Networked Li-Fi*. Cambridge University Press, 2015, ISBN: 9781316299036.

[DH17]      N. Doose und P. A. Hoeher, „On the Performance of High-Rate LDPC Codes with Low-Resolution Analog-to-Digital Conversion", in *Proceedings of the 86th IEEE Vehicular Technology Conference*, Sep. 2017, S. 1–6. DOI: `10.1109/VTCFall.2017.8287950`.

[DHF17]     M. Damrath, P. A. Hoeher und G. J. M. Forkel, „Symbol Detection based on Voronoi Surfaces with Emphasis on Superposition Modulation", *Digital Communications and Networks*, Jg. 3, Nr. 3, S. 141–149, Aug. 2017. DOI: `10.1016/j.dcan.2017.01.001`.

[DHF18]     ——, „Piecewise Linear Detection for Direct Superposition Modulation", *Digital Communications and Networks*, Jg. 4, Nr. 2, S. 98–105, Apr. 2018. DOI: `10.1016/j.dcan.2016.11.005`.

[Elr96]     S. A. Elrod, „Infrared beam steering system using diffused infrared light and liquid crystal apertures", US Patent 5,528,391, Juni 1996.

[FH10]      A. A. Farid und S. Hranilovic, „Capacity Bounds for Wireless Optical Intensity Channels With Gaussian Noise", *IEEE Transactions on Information Theory*, Jg. 56, Nr. 12, S. 6066–6077, Dez. 2010. DOI: `10.1109/TIT.2010.2080470`.

[FH13]      T. Fath und H. Haas, „Performance Comparison of MIMO Techniques for Optical Wireless Communications in Indoor Environments", *IEEE Transactions on Communications*, Jg. 61, Nr. 2, S. 733–742, Feb. 2013. DOI: `10.1109/TCOMM.2012.120512.110578`.

[FH15]      G. J. M. Forkel und P. A. Hoeher, „Amplitude Modulation by Superposition of Independent Light Sources", in *Proceedings of the 6th International Conference on Optical Communication Systems*, Juli 2015, S. 29–35. DOI: 10.5220/0005542700290035.

[FH16]      ——, „Superposition Intensity Modulation Using Variable-Length On/Off Periods", in *Proceedings of Signal Processing in Photonic Communications*, Optical Society of America, Jan. 2016. DOI: 10.1364/IPRSN.2016.JTu4A.36.

[FH17]      ——, „Cyclically Delayed Superposition Intensity Modulation for Rate Boosting IM/DD Communication", in *Proceedings of the 11th International ITG Conference on Systems, Communications and Coding*, Feb. 2017.

[FH18]      ——, „Constrained Intensity Superposition: A Hardware-Friendly Modulation Method", *Journal of Lightwave Technology*, Jg. 36, Nr. 3, S. 658–665, Feb. 2018. DOI: 10.1109/JLT.2017.2774926.

[FKH19]     G. J. M. Forkel, A. Krohn und P. A. Hoeher, „Optical Interference Suppression Based on LCD-Filtering", *Applied Sciences*, Jg. 9, Nr. 15, Aug. 2019. DOI: 10.3390/app9153134.

[Fra68]     P. A. Franaszek, „Sequence-State Coding for Digital Transmission", *The Bell System Technical Journal*, Jg. 47, Nr. 1, S. 143–157, Jan. 1968. DOI: 10.1002/j.1538-7305.1968.tb00034.x.

[Fra69]     ——, „On Synchronous Variable Length Coding for Discrete Noiseless Channels", *Information and Control*, Jg. 15, Nr. 2, S. 155–164, Apr. 1969. DOI: 10.1016/S0019-9958(69)90395-7.

[FWH18]     G. J. M. Forkel, T. J. Wettlin und P. A. Hoeher, „Constrained Coding for Hardware-friendly Intensity Modulation", in *Proceedings of the 6th International Conference on Photonics, Optics and Laser Technology*, Jan. 2018, S. 292–296. DOI: 10.5220/0006715802920296.

[GHS00]     I. J. G. Gordon, M. W. Hart und S. A. Swanson, „Transmissive electrophoretic display with vertical electrodes", US Patent 6,144,361, Nov. 2000.

[GHS89]     A. Gallopoulos, C. Heegard und P. H. Siegel, „The Power Spectrum of Run-Length-Limited codes", *IEEE Transactions on Communications*, Jg. 37, Nr. 9, S. 906–917, Sep. 1989. DOI: 10.1109/26.35370.

[GPL]       GPL, *IT++ library*, http://itpp.sourceforge.net.

[Gra96]     J. Graeme, *Photodiode Amplifiers: OP AMP Solutions*. McGraw-Hill Education, 1996, ISBN: 9780070242470.

[HGRP13]   P. A. Haigh, Z. Ghassemlooy, S. Rajbhandari und I. Papakonstantinou, „Visible Light Communications Using Organic Light Emitting Diodes", *IEEE Communications Magazine*, Jg. 51, Nr. 8, S. 148–154, Aug. 2013. DOI: 10.1109/MCOM.2013.6576353.

[HK95]   K.-P. Ho und J. M. Kahn, „Compound parabolic concentrators for narrowband wireless infrared receivers", *Optical Engineering*, Jg. 34, Nr. 5, S. 1385–1396, Mai 1995.

[Hob01]   P. C. Hobbs, „Photodiode Front Ends: The REAL Story", *Optics and Photonics News*, Jg. 12, Nr. 4, S. 44–47, Apr. 2001. DOI: 10.1364/OPN.12.4.000044.

[Hoe13]   P. A. Hoeher, *Grundlagen der digitalen Informationsübertragung*, 2. Ausgabe. Springer Vieweg, 2013, ISBN: 9783834817846.

[Hoe19]   ——, *Visible Light Communications: Theoretical and Practical Foundations*. München: Hanser Fachbuch, 2019, ISBN: 9783446462069.

[How89]   T. D. Howell, „Statistical properties of selected recording codes", *IBM Journal of Research and Development*, Jg. 33, Nr. 1, S. 60–73, Jan. 1989. DOI: 10.1147/rd.331.0060.

[HR01]   F. J. Harris und M. Rice, „Multirate Digital Filters for Symbol Timing Synchronization in Software Defined Radios", *IEEE Journal on Selected Areas in Communications*, Jg. 19, Nr. 12, S. 2346–2357, Dez. 2001. DOI: 10.1109/49.974601.

[HR08]   F. Hanson und S. Radic, „High bandwidth underwater optical communication", *Applied Optics*, Jg. 47, Nr. 2, S. 277–283, Jan. 2008. DOI: 10.1364/AO.47.000277.

[IK04]   K. A. S. Immink und A. Kees, *Codes for Mass Data Storage Systems*, Second Edition. Eindhoven: Shannon Foundation Publishers, Nov. 2004, ISBN: 9074249272.

[Imm97]   K. A. S. Immink, „A Practical Method for Approaching the Channel Capacity of Constrained Channels", *IEEE Transactions on Information Theory*, Jg. 43, Nr. 5, S. 1389–1399, Sep. 1997. DOI: 10.1109/18.623139.

[JYG13]   Z. Jia, L. Yuan und H. Guo, „Visible light communication system based on multi-level pulse code modulation", in *Proceedings of the 5th IEEE International Conference Broadband Network and Multimedia Technology*, Nov. 2013, S. 222–226. DOI: 10.1109/ICBNMT.2013.6823946.

[KA11]   M. Karlsson und E. Agrell, „Multilevel pulse-position modulation for optical power-efficient communication", *Optics Express*, Jg. 19, Nr. 26, B799–B804, Dez. 2011. DOI: 10.1364/OE.19.00B799.

[KB97] J. M. Kahn und J. R. Barry, „Wireless Infrared Communications", in *Proceedings of the IEEE*, Bd. 85, Feb. 1997, S. 265–298. DOI: 10.1109/5.554222.

[KFHP17a] A. Krohn, G. J. M. Forkel, P. A. Hoeher und S. Pachnicke, „Capacity-Increasing 3D Spatial Demultiplexer Design for Optical Wireless MIMO Transmission", in *Proceedings of the 43th European Conference on Optical Communication*, Sep. 2017. DOI: 10.1109/ECOC.2017.8346021.

[KFHP17b] ——, „Optische Freiraum-Signalübertragung", Deutsches Patent 10 2017 130 903.9, Dez. 2017.

[KFHP19] A. Krohn, G. J. M. Forkel, P. A. Hoeher und S. Pachnicke, „LCD-based Optical Filtering Suitable for Non-Imaging Channel Decorrelation in VLC Applications", *Journal of Lightwave Technology*, Jg. 37, Nr. 23, S. 5892–5898, Dez. 2019. DOI: 10.1109/JLT.2019.2941734.

[KFPH19] A. Krohn, G. J. M. Forkel, S. Pachnicke und P. A. Hoeher, „Smart Glass based Optical Interference-Suppression Filter for VLC MIMO Applications (not published)", 2019.

[KI09] A. Kumar und K. A. S. Immink, „Design of Close-to-Capacity Constrained Codes for Multi-Level Optical Recording", *IEEE Transactions on Communications*, Jg. 57, Nr. 4, S. 954–959, Apr. 2009. DOI: 10.1109/TCOMM.2009.04.041138.

[KJ12] S.-M. Kim und J.-B. Jeon, „Experimental Demonstration of 4x4 MIMO Wireless Visible Light Communication using a Commercial CCD Image Sensor", *Journal of Information and Communication Convergence Engineering*, Jg. 10, Nr. 3, S. 220–224, Sep. 2012.

[KK16] H. Kaushal und G. Kaddoum, „Underwater Optical Wireless Communication", *IEEE Access*, Jg. 4, S. 1518–1547, Apr. 2016. DOI: 10.1109/ACCESS.2016.2552538.

[KN04] T. Komine und M. Nakagawa, „Fundamental Analysis for Visible-Light Communication System using LED Lights", *IEEE Transactions on Consumer Electronics*, Jg. 50, Nr. 1, S. 100–107, Feb. 2004. DOI: 10.1109/TCE.2004.1277847.

[KPH18] A. Krohn, S. Pachnicke und P. A. Hoeher, „Visible Light Communication with Multicarrier Modulation Utilizing a Buck-Converter Circuit as Efficient LED Driver", in *Photonic Networks; 19th ITG-Symposium*, Juni 2018.

[KS91] R. Karabed und P. H. Siegel, „Matched Spectral-Null Codes for Partial-Response Channels", *IEEE Transactions on Information Theory*, Jg. 37, Nr. 3, S. 818–855, Mai 1991. DOI: 10.1109/18.79951.

[KTUT14]   T. Kishi, H. Tanaka, Y. Umeda und O. Takyu, „A High-Speed LED Driver That Sweeps Out the Remaining Carriers for Visible Light Communications", *Journal of Lightwave Technology*, Jg. 32, Nr. 2, S. 239–249, Jan. 2014.

[Lee75]   T. P. Lee, „Effect of Junction Capacitance on the Rise Time of LED's and on the Turn-on Delay of Injection Lasers", *The Bell System Technical Journal*, Jg. 54, Nr. 1, S. 53–68, Jan. 1975. DOI: 10.1002/j.1538-7305.1975.tb02825.x.

[LGL+17]   B. Lin, Z. Ghassemlooy, C. Lin, X. Tang, Y. Li und S. Zhang, „An Indoor Visible Light Positioning System Based on Optical Camera Communications", *IEEE Photonics Technology Letters*, Jg. 29, Nr. 7, S. 579–582, Apr. 2017. DOI: 10.1109/LPT.2017.2669079.

[LHZ+13]   J. F. Li, Z. T. Huang, R. Q. Zhang, F. X. Zeng, M. Jiang und Y. F. Ji, „Superposed pulse amplitude modulation for visible light communication", *Optics Express*, Jg. 21, Nr. 25, S. 31006–31011, Dez. 2013. DOI: 10.1364/OE.21.031006.

[LMA07]   X. Li, R. Mardling und J. Armstrong, „Channel Capacity of IM/DD Optical Communication Systems and of ACO-OFDM", in *Proceedings of IEEE International Conference on Communications*, Juni 2007, S. 2128–2133. DOI: 10.1109/ICC.2007.358.

[Men91]   C. Menyennett, „Constrained sequences and codes for binary asymmetrical optical channels", Diss., University of Johannesburg, 1991.

[MF95]   C. Menyennett und H. C. Ferreira, „Sequences and Codes with Asymmetrical Runlength Constraints", *IEEE Transactions on Communications*, Jg. 43, Nr. 5, S. 1862–1865, Mai 1995. DOI: 10.1109/26.387422.

[MGC+17]   R. Mulyawan, A. Gomez, H. Chun, S. Rajbhandari, P. P. Manousiadis, D. A. Vithanage, G. Faulkner, G. A. Turnbull, I. D. Samuel, S. Collins u. a., „A Comparative Study of Optical Concentrators for Visible Light Communications", in *Broadband Access Communication Technologies XI*, International Society for Optics und Photonics, 2017.

[MGK+10]   J. J. D. McKendry, R. P. Green, A. E. Kelly, Z. Gong, B. Guilhabert, D. Massoubre, E. Gu und M. D. Dawson, „High-Speed Visible Light Communications Using Individual Pixels in a Micro Light-Emitting Diode Array", *IEEE Photonics Technology Letters*, Jg. 22, Nr. 18, S. 1346–1348, Sep. 2010. DOI: 10.1109/LPT.2010.2056360.

[MHL15]   M. S. A. Mossaad, S. Hranilovic und L. Lampe, „Visible Light Communications Using OFDM and Multiple LEDs", *IEEE Transactions on Communications*, Jg. 63, Nr. 11, S. 4304–4313, Nov. 2015. DOI: 10.1109/TCOMM.2015.2469285.

[MLX95]   S. W. McLaughlin, J. Luo und Q. Xie, „On the Capacity of M-ary Run-Length-Limited Codes", in *Proceedings of IEEE International Symposium on Information Theory*, Sep. 1995, S. 200. DOI: 10.1109/ISIT.1995.531874.

[MMZ+12]   J. J. D. McKendry, D. Massoubre, S. Zhang, B. R. Rae, R. P. Green, E. Gu, R. K. Henderson, A. E. Kelly und M. D. Dawson, „Visible-Light Communications Using a CMOS-Controlled Micro-Light-Emitting-Diode Array", *Journal of Lightwave Technology*, Jg. 30, Nr. 1, S. 61–67, Jan. 2012. DOI: 10.1109/JLT.2011.2175090.

[MOF+08]   H. L. Minh, D. O'Brien, G. Faulkner, L. Zeng, K. Lee, D. Jung und Y. Oh, „High-Speed Visible Light Communications Using Multiple-Resonant Equalization", *IEEE Photonics Technology Letters*, Jg. 20, Nr. 14, S. 1243–1245, Juli 2008. DOI: 10.1109/LPT.2008.926030.

[MOF+09]   H. L. Minh, D. O'Brien, G. Faulkner, L. Zeng, K. Lee, D. Jung, Y. Oh und E. T. Won, „100-Mb/s NRZ Visible Light Communications Using a Postequalized White LED", *IEEE Photonics Technology Letters*, Jg. 21, Nr. 15, S. 1063–1065, Aug. 2009. DOI: 10.1109/LPT.2009.2022413.

[MVdO97]   A. J. Moreira, R. T. Valadas und A. de Oliveira Duarte, „Optical interference produced by artificial light", *Wireless Networks*, Jg. 3, Nr. 2, S. 131–140, Mai 1997. DOI: 10.1023/A:1019140814049.

[Nyq28]   H. Nyquist, „Certain Topics in Telegraph Transmission Theory", *Transactions of the American Institute of Electrical Engineers*, Jg. 47, Nr. 2, S. 617–644, Apr. 1928. DOI: 10.1109/T-AIEE.1928.5055024.

[Per73a]   S. D. Personick, „Receiver Design for Digital Fiber Optic Communication Systems, I", *The Bell System Technical Journal*, Jg. 52, Nr. 6, S. 843–874, Juli 1973. DOI: 10.1002/j.1538-7305.1973.tb01993.x.

[Per73b]   ——, „Receiver Design for Digital Fiber Optic Communication Systems, II", *The Bell System Technical Journal*, Jg. 52, Nr. 6, S. 875–886, Juli 1973. DOI: 10.1002/j.1538-7305.1973.tb01994.x.

[POA+17]   K. Park, H. M. Oubei, W. G. Alheadary, B. S. Ooi und M. Alouini, „A Novel Mirror-Aided Non-Imaging Receiver for Indoor $2 \times 2$ MIMO-Visible Light Communication Systems", *IEEE Transactions on Wireless Communications*, Jg. 16, Nr. 9, S. 5630–5643, Sep. 2017. DOI: 10.1109/TWC.2017.2712689.

[Rog91]   D. L. Rogers, „Integrated Optical Receivers Using MSM Detectors", *Journal of Lightwave Technology*, Jg. 9, Nr. 12, S. 1635–1638, Dez. 1991. DOI: 10.1109/50.108707.

[RVH95]   P. Robertson, E. Villebrun und P. Hoeher, „A Comparison of Optimal and Sub-Optimal MAP Decoding Algorithms Operating in the Log Domain", in *Proceedings IEEE International Conference on Communications*, Bd. 2, Juni 1995, 1009–1013 vol.2. DOI: 10.1109/ICC.1995.524253.

[Säc05]   E. Säckinger, *Broadband Circuits for Optical Fiber Communication*. Wiley, 2005, ISBN: 9780471726395.

[SBF+10]   J. L. Steyn, T. Brosnihan, J. Fijol, J. Gandhi, N. Hagood, M. Halfman, S. Lewis, R. Payne und J. Wu, „A MEMS digital microshutter (DMS$^{TM}$) for low-power high brightness displays", in *Proceedings of the International Conference on Optical MEMS and Nanophotonics*, Aug. 2010, S. 73–74. DOI: 10.1109/OMEMS.2010.5672179.

[Sch06]   E. Schubert, *Light-Emitting Diodes*. Cambridge University Press, 2006, ISBN: 9781139455220.

[Sch11]   H. Schulze, „Some Good Reasons for Using OFDM in Optical Wireless Communications", in *Proceedings of the 16th International OFDM Workshop*, Aug. 2011.

[Sch16]   H. Schulze, „Frequency-Domain Simulation of the Indoor Wireless Optical Communication Channel", *IEEE Transactions on Communications*, Jg. 64, Nr. 6, S. 2551–2562, Juni 2016. DOI: 10.1109/TCOMM.2016.2556684.

[Sha48]   C. E. Shannon, „A Mathematical Theory of Communication", *The Bell System Technical Journal*, Jg. 27, Nr. 3, S. 379–423, Juli 1948. DOI: 10.1002/j.1538-7305.1948.tb01338.x.

[Sho14]   R. Showstack, „Unmanned Research Vessel Lost on Deep Sea Dive", *Eos, Transactions American Geophysical Union*, Jg. 95, Nr. 20, S. 168–168, 2014. DOI: 10.1002/2014EO200004.

[SM09]   S. G. Srinivasa und S. W. Mclaughlin, „Capacity Bounds for Two-Dimensional Asymmetric M-ary $(0,k)$ and $(d,\infty)$ Runlength-Limited Channels", *IEEE Transactions on Communications*, Jg. 57, Nr. 6, S. 1584–1587, Juni 2009. DOI: 10.1109/TCOMM.2009.06.080220.

[TB70]   D. T. Tang und L. R. Bahl, „Block Codes for a Class of Constrained Noiseless Channels", *Information and Control*, Jg. 17, Nr. 5, S. 436–461, Juni 1970. DOI: 10.1016/S0019-9958(70)90369-4.

[Uhl76]   M. Uhle, „The Influence of Source Impedance on the Electrooptical Switching Behavior of LED's", *IEEE Transactions on Electron Devices*, Jg. 23, Nr. 4, S. 438–441, Apr. 1976. DOI: 10.1109/T-ED.1976.18422.

[WCL+15]   S. Wang, F. Chen, L. Liang, S. He, Y. Wang, X. Chen und W. Lu, „A High-Performance Blue Filter for a White-LED-Based Visible Light Communication System", *IEEE Wireless Communications*, Jg. 22, Nr. 2, S. 61–67, Apr. 2015. DOI: 10.1109/MWC.2015.7096286.

[WSA13]   T. Q. Wang, Y. A. Sekercioglu und J. Armstrong, „Analysis of an Optical Wireless Receiver Using a Hemispherical Lens With Application in MIMO Visible Light Communications", *Journal of Lightwave Technology*, Jg. 31, Nr. 11, S. 1744–1754, Juni 2013. DOI: 10.1109/JLT.2013.2257685.

[XKB09]   F. Xu, M. Khalighi und S. Bourennane, „Coded PPM and Multipulse PPM and Iterative Detection for Free-Space Optical Links", *IEEE/OSA Journal of Optical Communications and Networking*, Jg. 1, Nr. 5, S. 404–415, Okt. 2009. DOI: 10.1364/JOCN.1.000404.

[ZW88]   E. Zehavi und J. K. Wolf, „On Runlength Codes", *IEEE Transactions on Information Theory*, Jg. 34, Nr. 1, S. 45–54, Jan. 1988. DOI: 10.1109/18.2600.